明清制造

马书 著

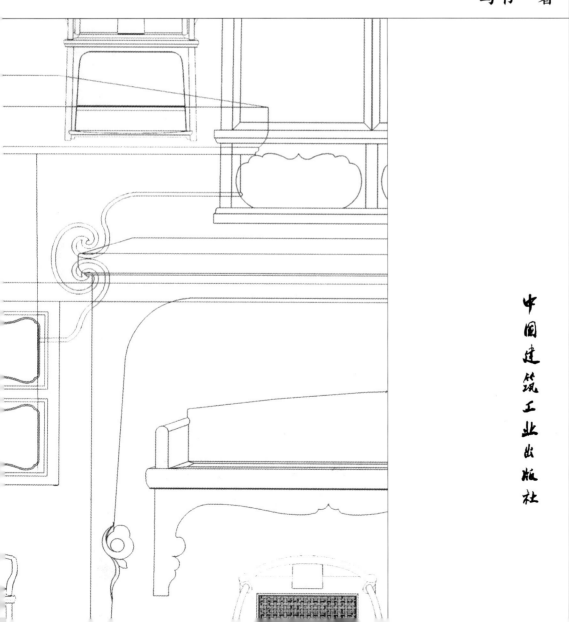

中国建筑工业出版社

图书在版编目(CIP)数据

明清制造／马书著 . —北京：中国建筑工业出版社，2006
ISBN 978-7-112-08799-0

I. 明… II. 马… III. 家具－中国－明清时代

IV. TS666. 204. 8

中国版本图书馆 CIP 数据核字(2006)第 124224 号

学术顾问：胡德生
整体设计：马 书 赵华领
插图绘制：马 书
摄　影：马 书 赵华领 陈 丽
责任编辑：黄居正 何 楠
责任设计：赵 力
责任校对：关 健 张 虹

明清制造

马书／著

*

中国建筑工业出版社 出版、发行（北京西郊百万庄）
各地新华书店、建筑书店经销
北京美光制版有限公司 制版
北京富诚彩色印刷有限公司印刷

*

开本：889 × 1194毫米 1/16 印张：21¼ 字数：673千字
2007年1月第一版 2019年6月第三次印刷
定价：388.00元
ISBN 978-7-112-08799-0
　　　　(31414)

收藏古典家具精品，

发扬古典家具艺术与文化。

胡德生

二〇〇五年十一月二十九日

【 中国古代家具文化之管见 】

　　我们的祖先是在穴居的时候就已经用绳结、骨针开始缝纫编织，在狐狸游走的荒野，在莽莽的原始丛林里"食草木之实，鸟兽之肉，饮其血，茹其毛，衣其羽皮。"所谓"羽皮"，即鸟兽的羽毛与皮革，串联起来，白天披挂在身上可以当作衣服，夜晚便铺在地面上而作卧具。另外，像树皮、干草也都可以编织起来使用，铺垫在地上，或坐或卧，这也就是后来"席"的前身。传说是神农氏发明了席、茵褥；轩辕氏发明了帷帐和几；夏禹作案、屏；少昊作簧；吕望作梳匣和榻；周公作簟、帘等等，传说而已，已无据可考。但是从商周至汉魏，从史料上看，是中国家具整体比例的低矮阶段，东汉之前人们基本是"席地而坐"，所谓"席"就是指家具。在战国时代也出现了一种高台式的床，可以容纳多人共坐，意义上是兼指坐具或卧具，比如当时宴会用的食案、庖厨用的俎等都属于家具的矮形结体的范畴。在这个阶段，古人习惯以"跪坐"的方式进行各种各样的交流，家具的尺度毫无疑问是配合人们跪坐的高度而设定。因此在今天，当我们从历史遗留的资料上所看到秦汉之际的低矮家具，你不要以为比例不匀称，其实这是一种必然，毫无疑问，是这一时期的社会活动方式决定了家具的样式及其文化内涵。

　　胡床大概是在东汉年间由西域经丝绸之路传入中原，从实用性质上讲，胡床并非我们今天所躺卧的床铺，而是入坐时可以使双足垂立起来的坐具，样式上基本形同于现在民间所普遍使用的马扎，其特点是可以交叉斜置，并可以折叠，因为携带方便，通常用于人们的出行。因为坐胡床基本是要把双足垂立起来，膝骨的承重可以很大程度地得以缓解，而"席地而坐"对于膝骨的承重就不是这样。我试了一下，坐久了会酸，但这的确是汉人千百年的交流行为。也许是汉胡文化心理的有所不同决定了家具的形式，但是胡床实用且轻便的性质，我想汉人也会无法回避，如果要一下子完全脱离了"席地而坐"的生活模式，也不太可能，因为封建社会的礼教很严格，但是这并不排除会受某些特定因素的影响，特别是在封建社会，帝王的习好往往可以引领时代潮流。据《后汉书·五行志》载："汉灵帝好胡服、胡帐、胡床、胡坐……京都贵戚皆竞为之"。上行下效，那么胡床"垂足坐"的影响就日趋扩大，当然在两汉席地而坐也依旧兴盛，并没有被胡床所取代，在此笔者只是强调胡床的影响，它的出现绝不等于席地而坐的终结。从汉代的画像砖上，我们可以看到很多独坐式的小矮榻，实际上这已经不仅仅是席地而坐了。抛开胡床不论，从河南密县打虎亭汉墓壁画中可以看到酿酒案、高足大案；嘉峪关汉代壁画中的橱格；四川彭县汉代画像砖上的高方桌；沂南汉画像石中的长方柜等等都基本透视出了当时家具的高起面貌，一直到三国时期，家具的形式依然保持着秦汉以来的独足、四足、多足、圆面式、双层式、翘头式、围屏帐幔、曲栅横跗、直栅横跗等等，充分地构成了这一时期家具式样的多姿多彩。

　　据史载，自东汉末年黄巾起义经三国混战到西晋建立，全国人口总计由公元156年的5007万已减少到700多万,连年的争战,已经极度地摧残了当时社会的生产力,国家不能休养生息,人民不能安居乐业。特别是在魏晋时期,政治制度极其黑暗,家具文化的创新、发展也受到了很大的制约。从历史资料上看,这一时期的家具式样基本还是依照于秦汉以来的样式,依然保留着尺度低矮的结体风格。而对这一时期家具的使用情景,我们可以从历史的画作以及遗留的画像砖上遥想这一时期的家具与当时的文人生活。因为当时政治制度的黑暗,许多士子苦无出路,还要终日避祸,于是崇尚玄学,以丹酒释怀,流露出了许许多多的放荡不羁的另类士气。伴随着这个借醉佯狂的群体,像凭几、矮榻、隐囊、茵席都很好地盛载了他们的慵懒,极大地配合了这些文士的躺、依、卧、坐,实实在在地承负着魏晋文人的呜咽与凄貌。可以想像到家具式样在这个时期的随意性,虽然这些低矮型的家具不一定代表主流家具文化,但是它的影响力未必不深远。那些文士的生活方式足可以打破在小矮榻上郑重式的独坐,无形中也给家具文化注入一种新的变革思维。虽然说魏晋时期的家具式样并无多大的改变,但是值得一提的是,由于佛教的传入给这一时期乃至以后的家具文化注入了新的活力。

随着佛教的东扩至河洛一带,又历经魏晋至南北朝,佛教文化已传播至广大的区域。所谓佛,是人们的一种信仰,但它却在无形中集合了人们的意识,由于佛事的兴盛,对于佛教的装饰艺术也自然会耳濡目染,有一些图案运用到家具的结体上也就不会显得奇怪。而家具文化的发展在这一时期尤为突出的就是吸纳佛教中坐床上的壶门装饰,不能不说是佛教的兴盛影响了当时的思维取向。如河南邓县魏晋时期"老莱子"画像砖上带有帐架的壶门托泥式的坐榻;晋代画家顾恺之《女史箴图》中带帐幔围屏的壶门托泥式床榻。河南洛阳北魏时期宁懋石刻中类似的结体也有几多处。这种在腿间围成曲边式的交圈装饰就是来源于佛教的装饰意向,与佛家的坐床基本一致,历经南北朝至隋唐五代一直流行。但是在最初采纳这种装饰的时候,先是应用于独坐式的小矮榻,而独坐式的小矮榻在两汉较为常见,相对于席地而坐仅仅是高出了一点,远不足以垂足而坐,那么壶门托泥式的应用就会牵制榻体的高度,因此早期壶门托泥式的坐榻所呈现的壶门交圈的比例也明显扁长。但这只是一个过渡,随着佛教进一步的渗入,须弥座的影响也相对扩大,相形之下,独坐小矮榻的尺度也开始变化,在榻体逐渐增高的同时,壶门的交圈线也基本接近正方,这样不仅避免了壶门交圈扁长的滞郁,同时还可以与胡床的垂足相呼应,二者并行,实际上已悄悄地改变着家居生活的低矮模式。同时南北朝时期的社会动乱,也促进了多民族的大交流、大融合,从西域传入的垂足之习也开始扩大影响,像敦煌285窟西魏壁画中的绳床;257窟北魏的高方凳;陕西长武昭仁寺北周的靠背椅,虽说是僧侣烧安息香的产物,但是从根本上却昭示了垂足坐的影响。前面所谈到的胡床也可以从敦煌257壁画中看到在这一时期的应用,并没有消隐,而是在历史的推演中延续下来,只是到隋代因浑"胡",而改名为交床。

隋唐之际,所表现的家具形式多是直栅或曲栅横跗式,当然也脱离不了壶门的装置。安阳隋代张盛墓出土的栅跗式的翘头案以及板足式的长方凳陶件;山东嘉祥英山隋墓壁画中的多壶门带托泥的大榻以及直栅式的榻几,都可以多少说明这一时期的匠人在家具结体的意识上还是保留着秦汉以来的栅跗式的家具形式。由于唐代国力昌盛,社会繁荣,又进一步促进了多民族的大融合,社会生活也更加多元化,家具文化的发展也显得很勃兴。从家具的结体上看,款式也比较丰富,不论是宫庭还是民间都涌现出很多前所未有的家具式样。我们基本可以从同一时期的画作以及出土物中看到基本的式样,比如《大乘比丘十八图》中可以看到直棱靠背带扶手的绳床;《六尊者像册》中的竹制带鹅脖的扶手椅、脚踏、灯笼式的高几以及束腰式的香案;《捣练图》中的凳子;《步辇图》中局足式的肩舆;《宫乐图》中的喷面大案;《内人双陆图》中增加储物层的棋几、凳子；敦煌85窟《屠房图》中的高桌；217窟《得医图》中的抱鼓式的座屏；323窟《迎昙延法师入朝图》中的独坐高凳；196窟高僧坐的扶手椅；473窟中的方腿直枨式的长桌、条凳；西安王家坟出土的唐三彩女俑所坐的腰弧形的筌蹄；西安高元珪墓壁画中的弯形搭脑靠背椅；李寿墓线雕仕女所持的胡床等等，都从不同的地域反映出当时的家具式样。壶门托泥式的应用在这一时期也逐渐置于不同家具的结体上，不仅出现在床榻上，还有桌台、凳子。其实在中唐以后，古人的生活实际上已经开始倾向于垂足化，只是在坐姿上深受佛教的"跏趺坐"的影响而半盘半垂，但是高足家具的出现，已经切实地改变了人们的家居生活。就家具的结体而言，由隋唐之际的直栅横趺式已普遍简化为直腿横枨式；壶门托泥式依然流行，但是已经演化出略带有曲边的云纹线用来作为家具结构中的牙子，还有的则简化出干净的刀子牙板；靠背扶手椅也不再局限于僧侣的使用等等。像圈形椅、灯挂椅、高桌、折屏、鼓墩、也见流行，实际上人们的家居生活已基本进入了垂足化。

五代时期，家具的结体开始强调于牙子与枨子的应用，在不使用托泥的情况下，横枨以及刀子式吊头牙子的采用都可以使"局足式"的家具更加稳妥。画家顾闳中在《韩熙载夜宴图》中生动地描绘了当时的家具使用情景，清晰地反映了古人垂足而坐的生活面貌。我们也可以从当时画家周文矩的《按乐图》中看到云头足方凳；佚名《浣月图》中束腰式的高足香几；据传也为这一时期的画作《黄筌勘书图》中的带委角的围屏床以及开敞式的架格；还有寻阳公主墓出土的云纹高足平板榻等，都基本反映了当时的家具风格。而这一时期在家具的应用上还出现了桌椅的组合式；床的定义也专指为卧具等等，这些都是因为坐姿的改变和高度的提升，使得产生了与之相应的高足椅凳。椅凳有了高度，那么几、桌也同样会增高，这样才可协调起来，而事实上五代时期的家具生活已完全进入了一个高足时代。

到了两宋，家具结体则更广泛地注重对于榫卯的应用，无论是整体的尺度还是牙子与枨子的结合都更加合理化，使家具的装饰风格也更加直观。从史料上看，两宋时期的家具样式真可谓多种多样，应有尽有，几乎在人们的日常家居生活当中所有的家具形式基本都能看到，款式也基本上与后来的明代一样全备。装饰上也兴起了云头纹、高束腰、三弯腿、仿竹编、鼓钉弦纹等等；种类也更加丰富，如扶手交椅、凳墩、屏几、桌案、床榻、靠背椅、灯檠等等。以至于也涌现出私家开办的"金漆桌凳行"，可以想见当时家具制作的繁荣景象。

在宋代的家具形式中，也有相当一部分家具的装饰风格值得关注，因为深受当时的木构营造的影响，出现了仿木构建筑式的家具风格，也就是在家具的构件上运用了许多建筑中的部件，这种装饰风格并影响到辽金时期的家具文化，直到元代才淡化下来。而辽金家具不论是从家具结体以及装饰风格上都明显深受两宋熏陶。但是因为地域风格以及文化心理的不同，辽金家具也有自身的特点可以展现，像云板边线的应用以及在白木上作彩绘、齿形的壶门牙子、枨杆的并行相用，都是很有特点的。

自蒙古人建立了元朝，汉蒙文化又开始了新的交融，"曲唱娱多"可以为证，汉文化在元代是某种消极的演变。因为政治制度的偏激以及人格上的排斥，使得这一时期的工匠的思维百倍束缚，大多时间都潜心于对两宋家具构件的仿效与复制，创新的能动性不大，尽管如此，像云纹的足头、花叶形的挖缺腿柱、霸王枨的使用也多少昭示出这一时期梓人们的潜力。显然，元代的家具，几乎是拷贝了两宋的家具风格，并继承了辽金时期从有壶门有托泥到无壶门无托泥的过渡，比如在案形的侧边，也出现了牙条的装置，则更有意识地补充了家具形体的维度。总之元代家具的文化，给明式家具风格的形成提供了很多鲜活的养分，这是家具文化的命运，也是历史的必然！

在明代中叶以前，家具几乎没有过多的革新，结体上则相当地依赖了宋元的家具式样，形式上也仅仅只是仿效与复制。但明朝政府却进一步采取了对手工业和商业的扶植政策，由元代对手工业者的"终生服役"改为"轮班"或"住坐"，从而激发了社会的活力。特别是在隆庆时期，开启海禁，开展海外贸易，硬木之舶来、焦炭冶铁之发展、手工工场之勃兴、文人之参与都相当地刺激了达官贵人的需求。梓匠们也开始用新的灵感来改换宋元以来的家具的面貌，使家具的发展进入一个黄金的时期。

首先，明式家具在装饰艺术上则更多地纳入了灵芝卷草、缠枝牡丹、夔龙螭龙、锦纹冰花、剔红戗金、罗钿漆画、嵌石刻字等等；结体上也呈现出更多的式样，如罗圈椅、官帽椅、灯挂椅、玫瑰椅、宝座、挂屏、罗汉床、拔步床、圆角柜、万历柜等等；构件的装置也兴起卡子套方、喷面挖缺、一腿三牙、埽边四平、卷书马蹄、闷仓曲足、鼓牙彭腿、龟背扇面、劈料裹腿、联帮鹅脖等等；在结构上也更加巧妙地运用了闷榫明榫、抱肩插肩、夹头燕尾、格角穿楔等等。总之明代家具基本是以线条的遒劲、简约、空灵构成了明式家具的主体风格，也构成了明式家具的艺术内涵。

此外，明式家具的风格形成与文人的审美情趣有着很大的关联性。苏作家具则代表了明式家具的典型风格，从地理上看，江南吴越，荷风桂雨，烟月瘦水，一个充满着诗境画意的区域环境，显然更容易激发文人的创造力和想像力，并培养出一种特殊的审美情趣。苏式家具代表着文人的诗化意匠，家具风格便展现出清绝雅致，空灵曼妙的艺术魅力。因为文人的思维是这里的主流，许多巧匠也甘愿配合这种思维，不论是园林里的佳木怪篈，还是家具的结体，都更多地吸纳了文人的奇趣与新诣。所以说苏式家具的风格形成，与此中的文人密不可分。到了清代，苏式家具迫于新的习俗，迎于时尚，于是华丽倍加，比起明代已截然另味。

清代家具的风格起始也依附于明代，从顺治到康熙年间，漆作家具的兴盛也值得关注，实际上清代早期的家具文化与明代家具文化是一个亲密的衔接过程，表面上看浑然一体，无论是家具的结体、线脚、装饰图案都与明代的家具风格基本一致。从时间上看这是一个历史过渡期，也是满汉文化的碰撞期，由于当时的帝王醉心于汉文化的博大精深，被汉文化征服就势所必然。考虑皇庭对于器具置办的方便，就成立了造办处，于是招徕了各地的能工巧匠。显然家具的需求也不例外，但是皇庭之器物通常是以华丽名贵为准绳，工不厌其烦。由此也不难理解，对于清式家具的主体风格，清代皇室的习俗是制造清式家具风格的主导。史料显示康乾以来不断有西方画师来到中国宫廷给皇帝画像，那么西方的写实艺术对于帝王的熏陶也会逐日加深，由此来看，帝王的喜好逐渐偏于工整匠意，也是肯定的，上有所好，下必迎合，一时间家具中雕凿为贵，繁缛不可收拾。至此，清式家具开始以宫廷造办为源点，是围绕着帝王之好而展现出一种充满霸气和富丽的风格。也不分宫廷官府，都以甜俗霸道，形成了当时家具形式的某种风尚。这种潮流，最终也影响民间家具的装饰特点。世人看惯繁缛富丽，几乎不事工朴，家具中也少有古意。此外由于受宫廷造办的影响，使得整个社会对于家具的选材也都喜好于紫檀、黄花梨，从而加剧了二者的材源耗减速度，其实早在明代中晚期，对于家具的选料，都已尽可能地采用了黄花梨，而在清代中早期对于紫檀的需求就已十分旺盛，以至于到了清代中晚期几乎已无可造之材，不得已而采用各种不同品性的红木来延续。

总之家具反映了人类的生活方式，也是不同地域文化的集合，时空的张弛交织，历史的承续转折，都给家具文化的发展注入了鲜活的养分。家具文化的传承发扬，必须要佐以充沛的创造力和想像力，不然，它的结体将会在妩媚中低俗，它的格调也将会在秾华中老化！

共和国五十六年秋·马书·于跳雨山房

【 明清家具的田园命运 】

　　明清两代，应用于乡村田园里的家具多是软木家具，因为软木家具的材源比较广，像榆木、樟木就很容易得到，所以用软木做家具，就材质而论，固然廉价，但这似乎无益于形成家具的艺术美感。而家具的命运怎么会寄托于乡村田园？就明清两代而言，首先要提到的是家具的用材，从木性上可以分为硬木或软木，硬木基本就是紫檀、黄花梨、乌木之类，而软木就是榆木、樟木、椿木之类，通常也可以称作柴木。就成长而言，硬木树种生长周期缓慢，百年成材也不足为奇，所以相对于十几年或几十年就可以伐用的软木，精华的凝聚已不知超出多少倍。在此，笔者只是对硬木以及软木的成长时间作出一个简单的对比，当然在纹理、色泽以及木性上还能够分出更多的差别，但最终的结果是这样的：硬木稀有珍贵，软木廉价，甚至于可以用来烧锅做饭。因此在遥想中国古人的家居生活的时候，特别是在明清两代，我们姑且界定家具的消费群体，基本可以分为硬木家具背后的达官贵人以及软木家具背后的庶民百姓，对于家具的应用也就自然形成了两个不同的家居环境，即城市与乡村，那么对于家具文化的发展与演变也必然会产生两种不同的价值观，而木质的珍贵与廉价似乎在表面上已经决定了家具的装饰风格以及文化内涵，起码笔者不这么认为，但是对于家具风格的形成，我们姑且称之为"城市家具"或"乡村家具"。

　　首先对于"城市家具"与"乡村家具"的区别，从家具艺术的角度来看，代表乡村家具的软木家具其实并非尽是廉价，而代表城市的硬木家具也并非尽是稀有珍贵，对于一件完美家具的产生，它所呈现的是一种文化内涵，一种富有艺术感染力的实体，而且还要有实际的功能。早些年的收藏界几乎是对软木家具毫无兴趣，甚至于不加理睬，这显然是对家具艺术的理解有些偏见，真正理解家具艺术的人士，岂能会迁就于家具的材质而对乡村家具置之不理？因此，一件家具的产生，无论是用材、选料、尺度、线脚等等都必须有一个合理的推敲，且不论是光素、漆作、雕花、镶嵌等等，它的美决不仅仅是受制于简与繁、雅与俗、硬与软、大与小的框架里。这自然就关乎到一个工匠对这一件家具而注入的所有情趣、灵感等等。本书所编入的家具图例大部分以软木家具为主，而软木家具基本上是来自于乡村田园，从赏析的角度上来讲，笔者的精力也基本都倾注于软木之"乡村家具"的风格上，对于硬木家具的探索与诠释也就相对简略。

　　在古代，作为一普通的乡村农人，当看到了城市里的车水马龙、朱门瑞兽时会感受到城市主人的奢华与尊贵，也不难想像，城市里的家具必然是摆放在王府官宅的富贵窝里，所以用材上会讲究，装饰上也倾向于华丽。乡村就不同，恬淡与平静，穷苦而忙碌，通常不会有充裕的条件来做一件华丽的家具，相对于繁华浮嚣的城市，乡村里的家具简朴居多。一件家具的生产，首先从生产力上分析，城市官府可以用充裕的条件来雇佣工匠，但必须强调的是，因为封建礼教的作祟，匠人只是用来使唤的工具，你必须配合家具主人的习好，对于家具的结体尺度，装饰意向，就必须完全依照城市主人的欣赏习惯为根本，只有在这个已定的圈子里，工匠们才可以发挥所长。其次在选材上城市主人偏重于珍木奇材，往往大户人家，喜好精工，只要能够尽情地展现出尊贵富丽，便不计工时，也不惜耗资。因此在城市家具的造形风格中，很少有特别的巧思妙想，绝大部分都是匠气、霸气。

再者，相对于乡村田园，城市的居住显得密集了许多，为了考虑空间的合理布局，因此城市家具的结体大都显得不枝不蔓，以方直立正为多，就是因为如此，轮廓上也显得规矩生硬，自然也削弱了家具的整体生机。特别是在清代，华丽之外，就是繁缛，工虽精，但是未免匠气，也更加少有纯古之妙，显然这与工匠的灵感被扼杀有着密切的关系。坦白地说，在城市家具的生产中，虽然活技的表现相当细腻，但却很少能够脱颖而出，当我们在透视城市家具的时候，秾华而富丽，霸气而庄重的风格，比比皆是！只这几点，足可以折射出城市家具文化发展的被动性。

相对于城市家具，明清两代的乡村家具文化是多样的，活泼的。因为乡村的居住环境相对简单，四周都是田园稷粟，也没有那么多严肃的场所，一切都显得那么自然、平淡。首先对于家居生活的朴实与清简，千百年来还是那么的遵循，就是因为居住条件的宽舒，采光的充裕，使得对于家具的尺度也没有过多的限制，或高或低，或大或小，很随意。在装饰风格上也是可以随意地赋予各式各样或祥和或喜庆的图案，家具的风格自然也是多样的，尺度上也可以适当的夸张，材料上椿、榆、柏、杨皆可，或简或繁，俚俗的、文气的、笨拙的、古雅的、霸气的，一切都显得是那么的丰富和自然。我们也可以知道，因为物资条件的局限，使得乡村人无暇去选择珍贵的木料，邻里邻外，只是用相宜的饭菜就可以请来工匠，材料上也不必考究，烧锅的柴木也可以，但凡只要够材就行。同时给予工匠的发挥空间相当大，甚至一切全由请来的工匠操办，使得工匠的灵感可以尽情地注入，家具生产的氛围也更加宽松，条件允许的时候还可以追加一部分稀奇古怪的装饰，这给家具艺术的创意提供了良好的元素。因此乡村家具的形成，是在极大程度上尊重了工匠的意识与主张，虽然用料上廉价，但是风格多样生动，淳朴优雅，这就是乡村家具的风格体现。也许我们曾经看到过不少不值得一看的乡村家具，但是总有那么一些富有艺术气质的乡村家具展现在我们面前，你就无法回避它的美，毫无疑问，它是有价值的，它既不是什么稀有珍贵的硬木，也不一定雕作华丽，但它就是能够吸引你，这就是乡村家具特有的魅力，相对于城市家具的浮华主张，乡村家具文化更富有张力，家具艺术的表现也更加张扬。

如今山西、陕西、河北等偏远的农村，依然还保留着古代家具的一桌半椅，尤其是山西省的软木家具存世也相对较多，且能够体现乡村家具的艺术价值。从地理上看山西地处偏北方，山多绵延，道路曲折，在朝代的更迭中，几乎是来不及跟上时代的潮流，因此许多宋元乃至唐代的人文思维依然沉淀在三晋大地的村落里，实际上这也给古代家具文化发展，就这一地区而言提供了一个充足的营养库，如果你只身走访在山西的村堡里，你一定会发现古代乡村家具的身影，从这些家具的装饰上你依然可以感受到许许多多高古的朴实和曼妙！你不由觉得是乡村田园的淳朴把历史的遗留保存得那么完整，这是家具文化的某种命运——田园命运。除却山西，在中国，实际上任何一个地方的乡村田园都是中国古代家具文化的藏身处，但是我们也必须要承认，明清两代的乡村是贫穷的，所发现的家具也大都是软木家具，使得我们对于家具艺术的综合探索有些局限。但山西家具的风格，无论是装饰风格或者结体风格基本都保留着更加久远的文化色彩，所形成的一种古朴而淳厚，深沉而大气的家具文化，自然也就更加耐人寻味。这里的山势磅礴，在无形中也映射到家具文化上，形成大气敦厚的风格，而天气的干燥也减少了家具质体的腐朽程度，许多奇趣迭出的软木家具所呈现出的鲜活式样，实在是令人兴奋。哪怕一个壶门，一个牙头，无不昭示着淳淳古意。也因此许多保存到今天的明式家具而非明制，大部分也源于山西。从历史的角度来看，历史的色彩在城市是一种饱和，而在乡村却更加绚丽，残垣断瓦的遗留，给予了乡村梓匠最好的养分。因此乡村家具的表现，不仅停留在廉价的材质上，更是对于古朴文化的延伸或昭示。我们也就不必企求什么硬木软木之分，因此在剖析乡村家具的过程中，人们需要对于柴木性质的用料重新纠正偏激的欣赏态度。当然对于乡村家具的理解，我们也不必完全以山西家具的淳古之风来定义所有的乡村家具。显然所处地域的不同，反映的家具文化也有很大的区别，像苏州地区的家具风格，细料精工，端然文气；京津冀地区的淳直典雅；两广地区的粗硕坚实；山东地区的粗壮宽重；陕西地区的粗犷古朴；四川地区的尺度夸张；宁波地区的镶嵌铺排；温州、福建地区的金漆熠闹等等，都各自在昭示着自己的家具特点。

对于明清两代乡村家具的欣赏，收藏界"贵硬而轻软"的艺术态度，是不足取的。我觉得不屑软木家具，就等于漠视乡村文化的野趣和质朴，这是带有偏见的欣赏习惯，也是对家具艺术的范畴作出的不合理的划定。今天，在浩荡的家具收藏热潮中，当硬木家具被逐日淘尽时，软木家具才真正从乡村田园里走了出来，向世人展现出自己特有的风采，但愿本书的出版不仅能为业界同仁提供一个能为未来展现乡村家具的平台，也带来更多的发现。

二〇〇六年九月二十六日·马书·跳雨山房

明清制造

CLASSICAL CHINESE FURNITURE

Content

目录

明清制造

椅凳类

MingQingZhiZao · Yi Deng Lei

圆凳的前身是从筌的形状上脱化出来的，而筌本身是一种渔具，形状可分为腰圆式以及腰弧式。还有一种说法，说是从秦汉以来人们的生活中有一种用来遮罩炭火盆而编制的笼罩上脱化出来，这种笼罩也叫熏笼。无论是熏笼还是"得鱼忘筌"的筌，所呈现出的腰圆式的形状都与明清时期的圆鼓凳有相似之处，究竟哪一种说法更可靠，都无从查起，但是圆凳之所以应用于人们的生活中，估计也是深受佛教中维摩坐具的影响。到了唐代这种坐具又叫筌台或筌蹄，在宫庭里有时为了侍奉年长的大臣，便在上面覆一绣帕，曰：绣墩，但妇女们仍用名熏笼，也有的叫月牙几子。

明式紫檀束腰式圆鼓凳

　　束腰嵌板，开条形炮仗式的开光，壶门式牙板彭起，鼓腿内圈涡纹足，踩托泥，与故宫博物院现藏明代洒罗钿圆鼓凳风格吻合！但由于给人一目了然的是木质的纹理而不是包浆，因此从制作的年份上看应该是仿制品，在此举例只是探讨形体的美感。

清康熙黑漆象腿圆鼓凳

明代黄花梨梳格式坐墩

坐面用整板为劈料式，边沿倒出柔润的圆面，坐墩的腔壁是以二十四根弧形的梳条绕圈支起，上承圆面，下接托泥。与一般坐墩不同，既无弦纹又无鼓钉，造型空灵律动，是一件十分文气的明代家具小品。

明式三弯腿小方凳

黑漆板面，牙板彭起，腿形为三弯式，于末端向外翻出马蹄足，落地轻盈，造型也十分秀气！

明式三弯腿禅凳

黑漆藤面，尺寸开阔，已超出寻常的尺度，故谓"禅凳"，通常是用于佛家的打坐参禅。此款风格古雅，较之前者明式三弯腿小方凳，此器的马蹄足落地扎实，感觉好像是吸附到地面上一样，牙板的边口处也多出了一个波折，原因是考虑到牙板与腿足交圈的横面跨度过大，意韵上也要呼应，多出一个波折，那么弧线的交圈也就会自然一些。

清代晚期束腰式三弯腿圆凳

清代束腰式三弯翻叶腿方凳

明式黑漆带束腰花叶腿禅凳

明代黄杨木圆腿方凳

座面细藤软屉，圆腿直落，带侧角，设直枨，四面装刀子牙板，线腿简练。此种款式在宋代已经出现，因为用料为黄杨木，显得稀有珍贵。

清代早期黑漆瓷面方凳

　　面心嵌青花瓷是家具结体中的另一种装饰体现，大约在清代雍正时期已见流行。凳身黑漆与凳面青白构成清雅的色阶，从而也打破了家具表面的红黑漆色单一化。

清代中期无踏床交杌

　　在单背椅的式样中有一种是靠背稍高，不设扶手，用材单细，结体轻便，搭脑两端出头并向上微微挑起，看上去好像是江南农家竹制油盏灯的提梁，曰："灯挂椅"。

明代黄花梨灯挂椅

　　原藤屉已破损，搭脑弯曲，中部稍宽并向左右呈小弧线势的伸出，两端出头抱圆，再微微倾后向上，线条光素。椅背呈"S"曲形，靠背立柱与后腿一木连做，正面装简单的券口牙子，边沿起阳线与腿足交圈，看似随意漫不经心，实际上则是精炼细凿。

明式揩红漆板面灯挂椅

　　靠背板下部的小小壶门亮脚，正是整器的趣味所在，虽然整个灯挂椅在做法上看上去有一点随意，但是壶门亮脚的采用，恰恰是随意之中的经意之处。搭脑略显宽肥但是线条比较干脆，牙板也直素。下图为明式黑漆板面灯挂椅，背板铲出如意头，壶门式牙板，尺度也稍稍窄小，是一件风格鲜明的乡村家具。

明代榆木直棂式单背椅

　　靠背圆材直挺，搭脑也直素。角牙已残，但是古雅的气息还是很浓，背靠直棱两根上敛下舒，空灵疏透，坐面下沿起阳线，腿材外圆内方，壶门式牙板收末于踏枨之上，给人一种意犹未尽的势头。式样也新颖，隐隐约约透出一点书卷味。

在单背椅中有一种单背椅的尺寸相对阔大，通常是单独使用，这种式样的单背椅一般不适宜居家生活，因为座面宽大的特殊性，往往可以配合佛家的打坐神游，我们通常定义为禅椅。上图为明式，造型简素干净；下图为清式，搭脑用拐子纹，虽然看上去有些新意，但是不够古雅，总觉得还是有一点野气。

明式梳背式灯挂椅

坐面镶板落塘，靠背设曲棍四根，实际上是以几条富有动感的线条组成一个也同样富有动感的面块，给人感觉是清绝疏朗，虽略带些乡村味，但结体还是十分考究的。

明式四出头官帽椅

　　椅类家具中造型如同缺了翅的乌纱帽，俗曰：官帽椅。官帽椅又分南官帽椅和四出头官帽椅，通常是成对列于厅堂，用材曲直方圆不限。南官帽椅的特点是在搭脑横梁与后腿上截交角处以及扶手与鹅脖交角处分别做成软圆角，背板也可以做成光素的、雕花的，各自相宜。四出头官帽椅的特点是在搭脑两端以及扶手前端分别与后腿上截和鹅脖交角处不再做成软圆角，而是出头向外，微微伸出来。有的出头戛然而止，显示出劲挺之美。有的出头向外稍稍一曲，并抱成圆头，显示出柔润之美。结体上比起南官帽椅要大方一些。

明代黄花梨四出头官帽椅

　　皮壳凝重，经年久风化已呈灰黑色。搭脑的横梁，曲度有致，宛若一条不疾不缓的秋波，椅背也光素，扶手出头，座面落塘镶板，腿柱之间设罗锅枨加矮老。此椅风格清朴，线脚简练，是明代家具中的精粹。

明式黑漆藤面四出头官帽椅

　　搭脑扶手出头，壶门牙板富有弹性，背板挖出上圆下方的开光，寓意为天圆地方，给人的感觉是清贵不俗，是一件风格鲜明的文人家具。虽无雕作，但是所呈现的感染力也正是椅背的方圆形的开光，只有文人的思维才能够如此出奇地遐想，显然这种透空的开光，与一般的吉祥纹饰截然分明，因此对这一类的家具欣赏，我们起码要有一点文人的情怀，只有这样我们才能真正体会到文人家具的气质与美感。

明式黑漆四出头官帽椅

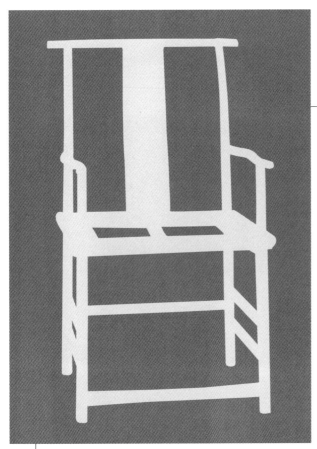

明代黄花梨四出头官帽椅残件

清代黑漆雕松竹梅官帽椅

　　"松竹梅"的题材相对来说附合文人的情趣，在明清两代的家具装饰中，雕刻松竹梅的题材也比较常见，但是如果刀法上工整无巧，那最多也只是附会了文人的意趣，落个东施效颦，倒不如什么都不用雕。

清代中期黑漆藤面官帽椅［山西］

清代中期委角官帽椅

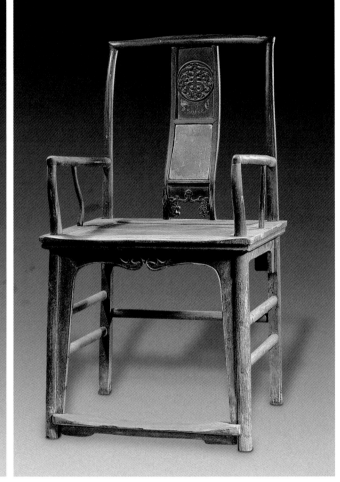

清早期榆木官帽椅

　　背板分三段，上段雕螭龙捧寿纹，中段嵌绿纹石，下部亮脚雕螭龙相望，板面落塘，牙板铲出卷草纹与腿足交圈。结体风格基本是沿着明代的装饰意向，制作年代可能会在清代中早期。

明代黄花梨矮靠背南官帽椅

　　搭脑与后足，扶手与鹅脖皆用"挖烟袋锅"式闷榫结合，靠背曲棍三根，分别与后腿上截、联帮棍、鹅脖形成均分的间距，线条曲美。座面下的罗锅枨减去矮老直接与面板抵紧，也给整体的维度增添了留白，使之虚实相半，更加空灵律动，腿间管脚枨属"步步高"赶枨。此器采来未经修复，座面上的旧板绝非原有，从现存的马鞍形的穿带上不难看出，之前一定是藤编。

明式榆木藤面南官帽椅

清中期背板镶黄杨官帽椅

联帮棍是扶手椅的一个切实的部件，可以做成弧形，也可以做成曲形，是与扶手横梁以及椅盘相作用的一个构件，当然也有省去联帮棍的做法，此外罗锅枨通常与矮老组织在一起，也有省去矮老的做法，就是把罗锅枨直接与座盘抵贴，部件少了，也就相对简单一些，因此椅类家具中的这种做法，不仅能使其简繁互衬，也更能呈现出家具结体的虚与实。很显然在家具文化的变革中，结体的新意，线脚的采用，都可以使一件器物焕然一新。

明式紫檀梳背式藤面官帽椅

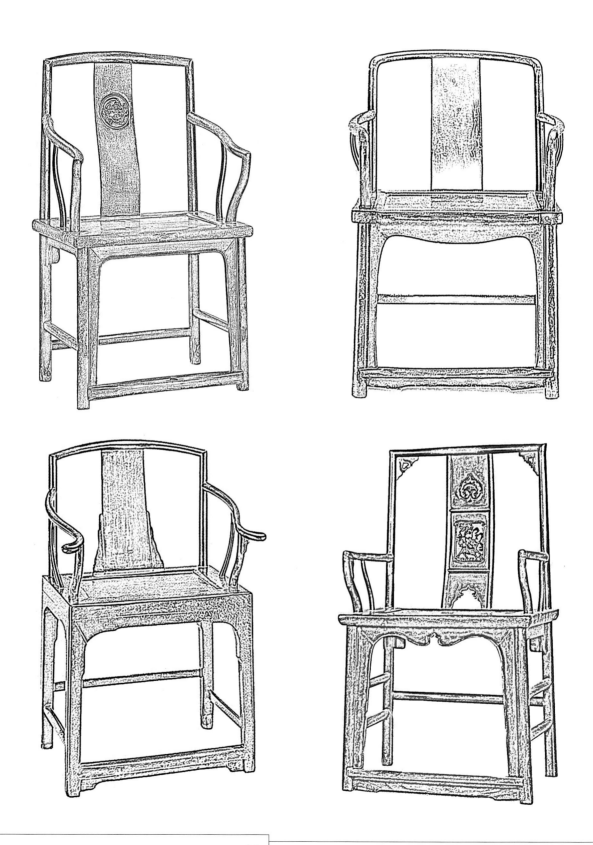

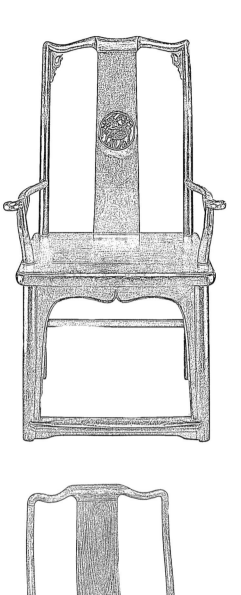

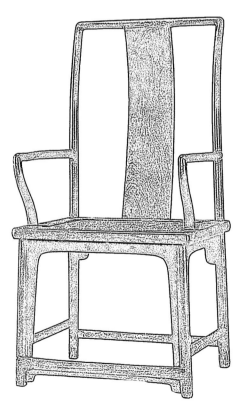

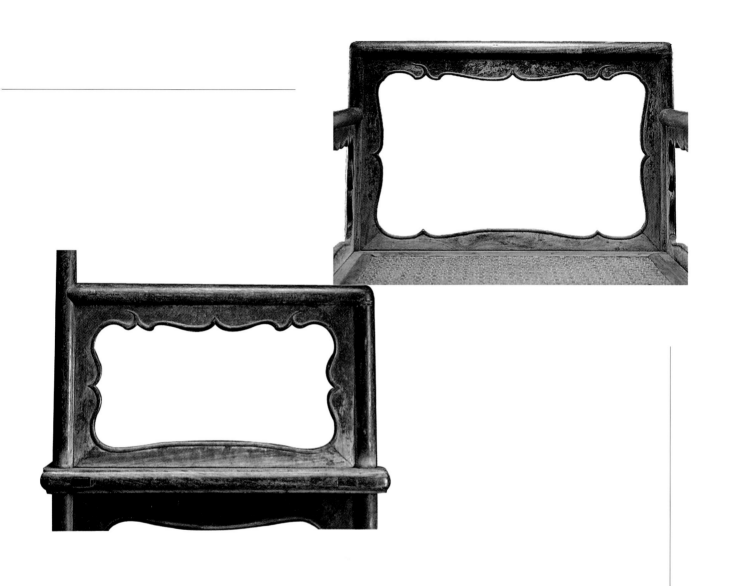

明晚期黄花梨藤面玫瑰椅

　　靠背及扶手的横梁内装券口牙子,四周附框,搭脑横梁两端及扶手横梁前端各自作榫窝,分别与后腿上截以及前腿上截的榫头卯合,牙板下垂谓:"洼堂肚"。此椅式样的特点是靠背及扶手皆与椅座垂直,通常这种做法在北方曰:"玫瑰椅",南方曰:"文椅",也有说是闺房之中的椅具,是小姐们坐的。

明式瓜棱线玫瑰椅

　　"瓜棱线"是明式家具中一种装饰新体现，不仅强调了线条的质感和趣味，更加丰富了家具的形式层面。此器可以说是圆杆式梳背椅的变体，扶手框架以及牙板皆做成"横楣子"式，座面边抹双混面，管脚枨用劈料做，这样做都是为了突出整体的和谐性。

明式透雕灯笼锦玫瑰椅

扶手与背板横梁、立柱皆用圆材，框架里又攒小框，落塘起线，背板透雕"灯笼锦"纹，中间雕云鹤纹，而扶手围子里则雕梅花纹。腿形外圆里方，壶门牙板起阳线与腿交圈，管脚枨为"步步高"赶枨。玫瑰椅一般是在背板做文章，比如攒花、开光、梳条等等。格调也有高下之分，此椅看上去透出一股秀气，但是制作年份极有可能会在清代中期。

明式榆木玫瑰椅

搭脑与扶手皆不出头，用材方直，座面落塘镶板。通常腿柱垂直面缩于面板呈"戴帽"状，而此器例外，直接在立柱作榫窝与面板边框卯合，四角抹平，也不设牙子，求固之法在于步步高赶枨，背板也不见曲度，乍一看还以为是官帽椅，但其特点的确是玫瑰椅的式样，当然也不乏简单别致，只是入座时必须正襟挺胸，不太舒适。但是在封建社会，正襟危坐，悉听教海，这种椅子的出现似乎就是一种必然。就今天而言也很少有人来仿制，因为它基本已经不适宜现代人休闲式的家居生活。

 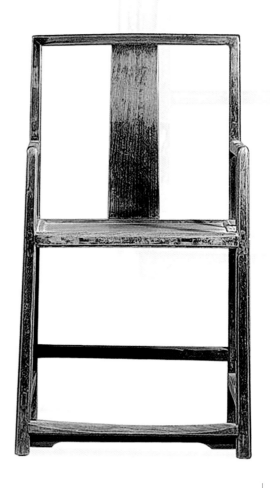

明代黄花梨梳背式玫瑰椅

尺寸宽大，看上去有一些严肃，应该是置于厅堂里的会客坐具。椅面的藤编软屉已经破损，靠背与扶手内安横梁，下设直棖，横梁上装圆形螭龙纹"卡子花"，生动有趣。座面边抹素混面，下部用直棱作45°割角相接，拼成"横眉子式"方框，腿足下部因年久，受地面的湿气反复浸染，已呈现出褐白色。此器采于山西，是富贵人家的椅具，制作年代会在明代中晚期。

胡人游牧多逐水草而居，制造出既轻便又可以折合的交杌，传入汉邦。唐代曰：胡床，宋代则把交杌与唐式的圈形椅子进行嫁接，制造出带圈形扶手并设有背板的交椅，也可以折合，更便于游憩。交椅在宋、元、明时期通常出现在皇族官宦的巡游狩猎的队仗里，尤其是在元代，更是达官贵人特有的生活用具，庶民百姓，通常是使用不起的。

明代软木黑漆交椅

原黑漆已脱落殆尽，圈形扶手，靠背素工，两足间设踏床，小足向内翻球。虽用材略显粗硕，但是风格古朴，存世的实物也极其稀少，所以说也比较难得。

明·仇英·桐荫昼静图

明式黑漆灯挂背小交椅

　　器形源出于灯挂椅与交机的结合，搭脑柔润而律动，背板也光素。它在古代的归属不一定是在王府官宅，从外表的十分休闲样式上看，极有可能是乡村家具中的小品。当我们斜坐在这么轻便的小交椅上，聆听秋雨敲窗，一定会无比的悠然和惬意！

　　宋画《会昌九老图》中的圈椅基本上与明代的圈椅形式相差无几，都是以凳胎为基座，舍离了交椅的折合之巧，并保留了圈形扶手，俗曰："罗圈椅"。我们可以从明代的圈椅实物看出，通常椅圈是用三段弧形弯材分别由端口作榫头并伸出小舌，相互合掌式的交搭在一起，再用楔钉由搭口中部穿过，使之上下、左右紧密一体，不能脱开，构造犹如半月，也称"月牙椅"，而明代的圈椅也称为"太师椅"，通常用材为圆料，使整体较为和谐，椅圈也通常是倾斜微微向上，可以把肘部轻颖地托起来，不仅减轻了肘部依搁下沉的垂坠，同时又缓解了披下一段臂膀的承重。无论是结体、维度都较之唐代所出现的"圈形式"的椅子都更加成熟或舒适。图为清早期黑漆圈椅，全身髹黑漆，原藤屈已损，背板透雕万字纹，壶门牙板起阳线与腿足交圈，风格古雅，饶有明代的装饰意味。

清早期黑漆雕花圈椅

　　清早期的家具髹漆之风不亚于明代，而在纹饰上则仿效隽永而富有张力的明代纹饰，尤其是从明代向清代过渡的时候，对于纹饰表现手法也相差不了多少，有时很难确切地分出是明代或清代，但是在圈椅的靠背雕出博古图，无论是出于何种意念，都多少落入了窠臼！

清代康熙楠木髹漆雕花圈椅

清代中期榆木雕花圈椅

清乾隆雕灵芝纹扶手椅

漆器与木器文化并行相生，漆饰是木制作的外衣，从而促成"漆木文化"，而漆作描金于清代乾隆时期最为流行。此器布局以缠体灵芝纹随意透空挖出，再以红黑漆色作互衬，腿势三弯外翻，俗称："蜻蜓足"，在结构上也另立一格，显得富丽而纤巧，自然不同于一般的清式椅子。右图为中山瀚江古典家具公司新仿。

清式满工漆作描彩托泥式宝座

　　宝座的三面围子里共计雕出九条形态各异的云龙纹，然后髹漆描彩。下座设束腰，带托泥，腿形仿若香蕉，曰：香蕉腿。牙板做出洼堂式，从腿足一直贯穿到牙板的边圈线，很流畅，也很优美。整个下座则满雕缠枝莲纹，依然是髹漆描彩，虽然上下的装饰题材迥然不同，但是所呈现的色感一致，使得整个宝座不仅富丽而且耐看。

清式满工漆作描彩托泥式宝座局部

清乾隆紫檀雕云龙西蕃莲托泥式宝座

明代红漆雕花肩舆

　　肩舆是古代贵人代步的工具，通常为二人抬扛。此器搭脑分三段，呈梯形切角相结，背板也分三段，作"剑脊棱"攒框、打槽镶板。于靠背上段设开光，中段透雕圆形缠枝莲纹，下段设曲边亮脚。扶手用圆材，显得格外纤细，二者之间相向平直，座面为落塘式，面板以下四周又分别攒框装"绦环板"，设"鱼门洞"开光。壶门式牙板，圆腿前边设踏床，侧边的腿柱上下装有铜鼻，以便与抬扛相用。此椅虽做法工巧，但决不琐碎，每一处的装饰意味都为明饰无疑。漆色以红罩黑，式样也自然少见，但是用材为软木，又轻巧出奇，起轿时难免晃悠，因此从软木的特质上看很难以支得长久，所以笔者怀疑是否为古代妇女所乘？

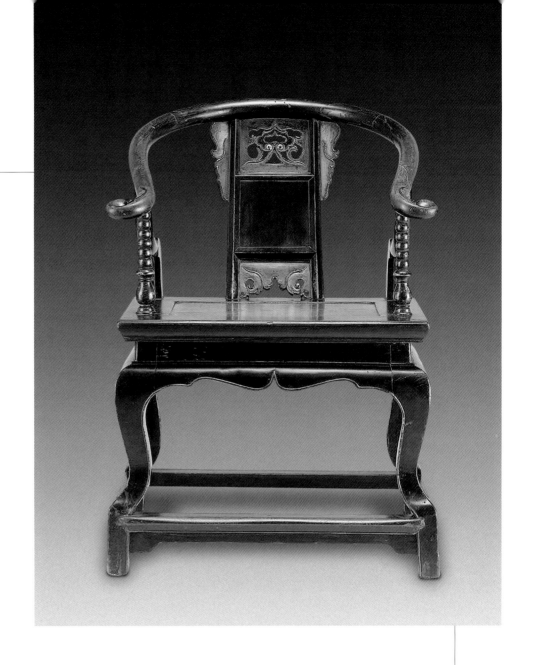

清代圈形三弯腿带底托小轿椅

通常鹅脖的式样则改为"壶瓶珠串"状，可谓新意。靠背亮脚，以及上部透雕髹红漆的纹饰多少有点明代的装饰韵味。扶手包头向内涡卷一圈，壶门牙板线圈干净优美，三弯腿与底托一木连做，也可为新意。此种式样未见流行，仔细思量一番，因尺寸不宽，遂辨为清代早期的小轿椅，是置于抬轿里的家具，存世恐怕不多。

榉木仿宋式框形带扶手禅椅

宋画《罗汉图》、《十八学士图》、《勘书图》都可以看到类似的扶手椅，其特点是扶手与搭脑同一高度，如果不是参禅打坐，仅扶手与座面的纵深，的确会把两肘架得过高而不舒适。到明代有仇英（约1482-1559年）所绘《竹庭玩古图》也出现了类似的扶手椅，总之这类扶手椅的造型都是"框状式"，宛如四下垂立的玫瑰椅。而此器为榉木，设有直板靠背，扶手及背梁用材呈扁矩形倒圆，左右扶手皆有款署，因风化已不可辨全，大抵是一曰：嘉靖庚戌锡山钱去为遗予欹床曲几永置山房；一曰：□忠别宅吴兴山上九霞山上方去长□□□□。其中如果按款署所示，嘉靖帝应是在明代1522-1567年间，为明代中晚期，而嘉靖庚戌是嘉靖二十九年，正是1550年，即为"庚戌之变"年，是年蒙古俺答曾率领十万铁蹄兵临北京城，恰是民族危机的一个多事之秋。从明代大画家仇英的画作中可以看到许多类似的框形椅子，但最多也只能作为某种映射，因为实在没其他传世的实物可以参考。曾几何时，在家具上伪造款署风靡一时，之所以伪造款署，当然因为在极大程度上是因为对文人的某种青睐，图个清雅，谋个好价格，而且还更容易兜售。我们可以把当前的器具称为禅椅，至于款署是否为杜撰，已经无法考证。现在我们可从结构上分析，在器具中扶手的交角是相互穿搭成软圆角并露明榫，后腿与面块亦同样穿搭露出明榫，腿柱上圆下方为一体式，如此交结，可谓不多见。不论是否完全摹仿，还是另辟他法，从结体而言都是值得欣赏的。器物座面的细藤软屉原本已破损殆尽，后经师傅细心织起来，才得以完好。座面下装小刀子牙板，足包铜套，整体的风化经历了一定的年月。从意韵上讲，此椅结体大方，有禅味，十分少见。

桌案类

　　桌案属于高足家具，是古人在改变"席地而坐"之后的产物，从敦煌的唐代壁画中也可以模糊地看到当时的使用情况，大体可分为长条形以及方形，在结体的设计上自唐代向宋元时期是逐步纯熟的一个过渡，使用中也可以细分为酒桌、琴桌、棋桌、画桌、或供案、画案、奏案等等。其中案子又分为平头式以及翘头式，通常四腿由四角向里缩进则为案，四腿在四角时则为桌。于是在结构上形成了"桌形结体"以及"案形结体"的称谓。在桌案的构造中，有束腰、托泥、牙板、云头足、马蹄足、霸王枨、罗锅枨、剑腿、圆腿、夹头榫、插肩榫的运用。其中桌形结体的家具在称谓上是纯粹的，只可以称为桌；相反案形结体有所不同，人们往往把大者称案，小者也称桌——即案形结体的桌子，这是人们把桌案的某些功用统一起来，从而作出习惯化的称谓！同时在桌案中也有一种称为"几"的，通常为板足式，造型如同名字"几"，与桌案同属一类。

仿宋式柏木直枨小酒桌

　　抹头两端做出榫牙，再与面板的大边交接并露出明榫，圆腿直枨，不设牙板，其中直枨的高低错落与宋金家具的装置基本一致，淳朴古雅，但风化的程度值得怀疑，估计制作年代不远，可能会在清中晚期。此类小品，结体看似漫不经心，但立意较古，稍不经意，将殆失村野。此器采来之时，正被人当做切菜板置于市井，产地甘肃。

明代黑漆高罗锅枨长方桌

　　桌体四平式，配合髹漆的麻绒灰胎比较沉厚，漆面因年久使用也通体断裂。四面装罗锅枨，俗曰："桥梁枨"。罗锅枨方材高拱，线形柔婉，在枨面与桌板的空档中分别装有两只矮老，其实质是用来进一步加固桌体的挪动性，当然对于罗锅枨横跨在腿柱之间悬浮的孤立，也起到了结构体的作用，使整体的架势也不至于松散。桌器方腿直落，足头微微肥大，并作出如"云头"的挖缺状，装饰风格起码可以追溯到元代，这也是后来过渡到"马蹄足"的前身。罗锅枨在宋元时期相对纤细高拱，但是在宋元两代基本看不到罗锅枨上有明确的矮老的装置。所谓"矮老"往往作用于罗锅枨与面盘之间的支撑，是一个加固的部件，在辽金家具中通常可以看到作用于直枨上的竖材，但是垂直的高度比较长，更像是一支竖立的枨杆。如河北宣化下八里辽代韩思训墓壁画中的茶桌，可以认为这些装置与矮老的作用肯定一致，只是在明代才从概念上给予定义。而当前的桌器结体虽然有些松舒，但是风格古朴大方，意趣含蓄，制作年代可能会在明代中早期。

明代红漆四平式方翘头条桌

　　全身披灰髹红漆，设方翘头，直腿内翻马蹄足，简约大方。于桌形结体中带翘头者不多见，此为方翘头则更不多见。由此器可以看出明式家具文化的多样与活泼，古人既可以在案形结体中展现桌形结体的功用，又可以在桌形结体中展现案形结体的构件，轻轻一挪，就呈现出一个充满个性的造型。

明代红漆描彩花叶腿四平式小条桌

　　漆作以红罩黑，壶门式的牙板与腿足抹平，浑然一面。两侧设双枨，于抹头处锼出透空的鱼门洞。通体彩绘钩金线，腿足中部挖出花叶状，直落到地，造型不俗也不失淳古。明式家具中难得此例，制作年代可能会在16世纪或更早些。

明代中早期无束腰喷面式花叶腿小画桌

　　宋元时期，桌形结体的家具，其特点绝大部分都体现在腿足上的云头纹的变化。有的则把腿材做成曲尺形，大约于中部以上或以下的位置作出花叶状的挖缺，但意韵都脱离不了云头纹的影子。同时还有一个极其鲜明的特点，就是束腰和喷面式的广泛应用，甚至在某个时期还出现过缩面式的应用，这些都可以从宋元的画作中看到，如元画《春堂琴韵》、《秋庭书壁》、《夏墅棋声》等都可以看到类似的结体。下图为明代束腰式花叶腿长方桌，桌板可以掀起，内设暗仓，但是间架有些松散，值得注意的是，从许多关于明代的资料中都可以轻易地找出类似的桌形结体，相对于霸气且富丽的清代家具式样，我们似乎可以感受到这件风格绝对清朴的桌具是多么的文气。

明代黑漆点螺插肩榫酒桌

　　螺钿工艺的表现，在中国最早的实物器具是来自于西周时期燕国墓地出土的漆罍上的彩绘兽面凤鸟纹，至唐宋、元明、到清代更加兴盛不衰。螺钿取材于螺壳或海贝，工艺上分为镌钿、硬钿、软钿三大类。切割细磨，衬色挖嵌，极其耗时。其中在元明时期，有钱人家要是有需要，那就只求精细，往往是不限工时的。此器为明代酒桌，工艺为软钿点螺，以木胎作黑色生漆地子，通体漫洒，漆坚细妙，光彩流目。桌面长方，起拦水线，面盘另立阳线，遒劲而富有层次，腿牙插肩榫结构，带侧角收分，壶门牙板与腿足边缘起阳线交圈，两侧设有双横枨，面底髹红漆，花叶腿，马蹄方足。线条律动,风格高古，体现出明代早期家具的结体风格。

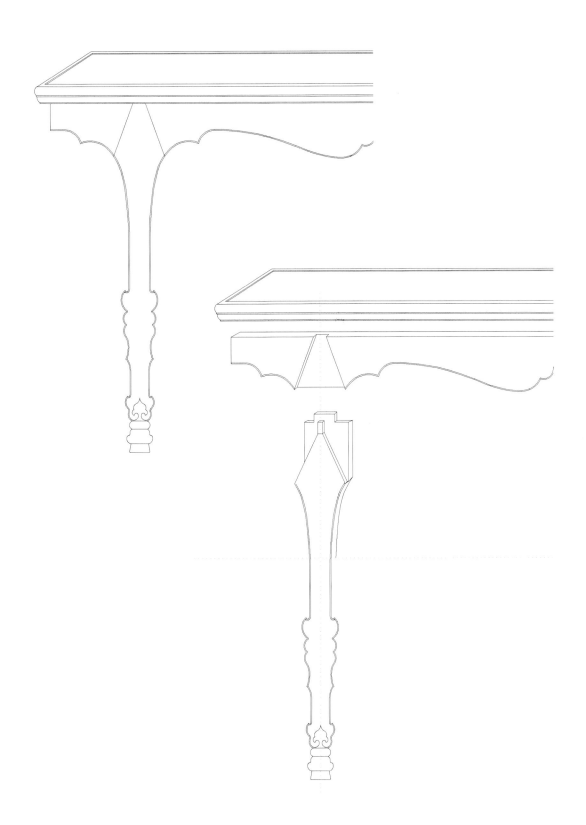

明式榆木漆作插肩榫小酒桌

　　桌体轻巧, 壶门式的牙板与腿足交圈, 腿形为花叶状, 一说"剑式"。在林林总总的明式家具中, 此器也并无新颖可言, 但是就透出那么一股不俗的气息, 也许是线圈的干净, 也许是造型的干练。

明代红漆云牙花叶腿酒桌

　　酒桌用于饮馔，宋金以来，于腿足大多设云纹边线，倾仄多样，元明时期开始从简，逐渐化出剑式腿以及曲尺形的花叶腿等。此器插肩榫结构，漆色以红罩黑，色泽古雅，牙头以小云头内兜相牴，腿形花叶挖缺，于尽头又翻伸出一条直线，贯穿整个腿面，足下有底垫，属于15—16世纪的制作风格。

明代榆木夹头榫酒桌

此器即人们通常称为案形结体的酒桌，全器漆色渐无，夹头榫结构，线脚为打凹式，牙板边线曲折遒劲，罗锅枨高拱并剔出灵芝纹直接与牙板抵住，同明早期出土的实物相比，"上接牙板"的意趣相对晚些，但不难看出器具的造型还是相当清婉，比例适度，似乎还隐匿着一点明代文人的思维，风格中也透出一股沉穆的感觉。采于山西。

　　线脚是明式家具中最曼妙的装饰，有瓜棱式、方圆式、劈料式、打凹式等等，虽然只是凸凹的变化，但却直接影响到家具的美感。如附图家具：冰盘沿打凹，腿面也打凹，这是意韵上的呼应，可以形成整体的律调一致。二者之间：髹红漆者，牙头的装置，年代较早，黑漆石面者，制作年代应当在清代中早期。

明式榆木夹头榫酒桌

　　器形利索，刀子牙板，线脚打凹，两腿之间正面设直枨，侧边设双直枨。桌板面料的纹理，风化自然，很耐看。虽式样未必稀贵，但造型简朴，毫无雕饰，也多少展现出明式家具所特有的内涵。

宋·刘松年·撵茶图

明晚期黑漆高束腰小条桌

　　元代至治刻本《娇红记》及元画《春堂琴韵》，都可以看到在腿位上作挖缺的束腰桌子，结体上与此器有许多形似之处。束腰是须弥座的化身，其特点是上下渐阶外出，中间内缩，宋代就已经可以成熟地融入到木器体系，至元代到明清一直是家具文化的装饰体现。束腰的运用也丰富了家具的立体层面，高狭中展现出秀气，长方中展现出盘实。此器大约于明代晚期制作，产地安徽，全身黑漆淳古，肩头紧抱，壶门式牙板铲出阳线与腿足交圈，并延续到挖缺的花叶上，形成意向的末端，类似者，过眼三五例而已。

明晚期椿木壶门式小酒桌

线脚为打凹作，牙头削出小委角，并铲出相背的花叶纹，牙板为壶门式，侧面设直枨，器形的结构比较充实，制作年代可能会在明代晚期。

16世纪楠木石板桌

　　木石合体，坚软相济。也只有文人的退思才可以如此嫁接。石面有布丁纹，以及直枨的高低错落，都显得很清贵，简单又淳朴。左图的文字石刻与此桌无关，是从徽州民间一个石屏上拍下的，是郑板桥的笔意，很有感觉，列在此处仅作为某种文人情趣的映射！

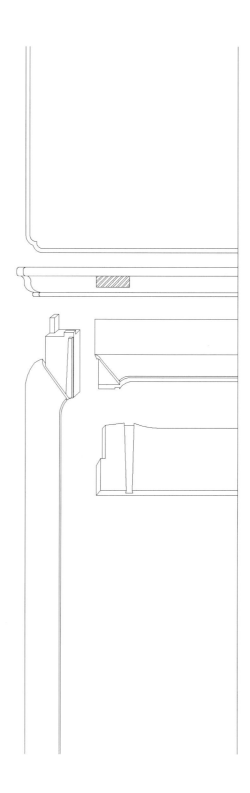

17世纪楠木揩漆高束腰条桌

　　器身光素简约，面盘带委角如"海棠式"。冰盘沿渐层，设高束腰，牙板边线与腿足交圈，足头向内兜转翻球，富有弹性，细妙有趣。

柏木壶门式直枨小条桌

　　壶门牙板弧势均匀，缺少突显之美，与腿足交圈的边线也略显滞挫。其挖缺状设在直枨以上还算经意，至少可以避免结体的轻佻。

明式壶门式直枨条桌

结体高狭，用料纤细，坚实全凭六根直枨，腿位上的挖缺，是壶门牙板边圈张力所带来的惯性，风格劲挺、富有骨感。

明式榆木攒牙子条桌

冰盘沿渐层，设束腰，拱肩，内翻马蹄足。牙子以栽榫方法于条桌四面与腿足相接，实则是罗锅枨的变体，明式家具中对于构件的新用，也是相当细腻的。

清代黑漆壶门式骨嵌缠枝纹小画桌

桌板与牙板抹平，四面以壶门式券口起阳线与腿足交圈，腿柱则为花叶式挖缺状，又顺势翻出马蹄足，看面以骨片嵌成缠枝花纹，铺排稀疏，不显富丽，但结体风格略近古雅，还是值得品评的。

桌类中折叠式的功用，最初也是源于胡人因"逐水草而居"而便于携带的一种思考，所谓折叠式，是可以从根本上减少器具的物理空间，但是从形体上也给器具造成了一分两段的截体，从而使一件家具的美，牵制在松散的错觉当中。为了匮补断线给形体的层面造成的裂象，便在以上部分做成一件独立的矮桌形，再于腿窝里依据下部的腿柱截面削出槽口，使上下可以吻合在一起，并在下部的腿柱做成可以活动的拉枨与矮桌的底板穿带相锁，当需要折叠起来时，可以把活动式的拉枨收起来，再把四只腿柱由矮桌的腿窝里折在板底，也称为展腿折叠式。当然也有不可折叠的展腿式，从概念上讲，是依附了可折叠式的造型所形成的装饰风格。宋画《消夏图》中的方桌已呈现出展腿的式样。

明代黑漆展腿一体式半桌

　　所谓一体式，即不可折叠，只是在式样上保留着展腿式的结体。器形四腿外撇，进一步烘托出上部矮桌形的伸展之美，使得结体更加富有立体感。矮桌形的三弯腿挖缺外翻小球，下部腿柱线脚打凹作，中间设层板，三面围裙设双横枨装绦环板开鱼门洞。侧面牙板为半个壶门，背部戛然削平，便于立墙，或者说还有另一半。此器源于苏州民间，桌体的漆表已经被江南的水气浸腐，能够遗留到今天，十分不易。

明代斜枨展腿折叠式酒桌

器形长方，桌面底板髹红漆，漆胎较厚，上部矮桌形做成三弯式，直牙条，于腿窝里挖出"水滴状"开光，牙条上有花叶披肩，腿内设转轴，腿间设双枨，由上枨固定，下枨可活动，并做成大跨度的斜枨与桌板的穿带相锁，寒天一至，便可折合分离，可以作为炕桌来使用！此器造型特别，风格清新，制作年代不会晚于16世纪。

明式黑漆展腿式方桌

　　桌板与牙板之间不是用束腰作过渡，而改做成斜坡式直接结合，这样会使冰盘沿的轮廓不太分明，层面上也有一点闷。但是矮桌腿牙装饰的对头草叶，以及壶门式牙板的边沿，还有罗锅枨波折式的起拱，都相对符合明式的起线意向。

明式黑漆展腿式双牙板方桌

　　牙板双层式，不仅补充了器物的虚实层面，更使整体的维度扩张了看点，也比较新颖。往往都是柴木家具轻易地制作出令人意外的奇趣，我认为这是廉价的木料带来的随意，更是增加了梓人灵感挥洒的余地，而不是受限于稀材珍木的细微裁量。

16世纪雕花描彩展腿式大方桌

　　松木质,面阔132cm见方,表皮以黑红漆色作互衬,桌边设拦水线,在腿柱及横枨上着彩绘缠枝莲。桌体四面又各分六格,中间大格屈面雕蔓草,其他衬格分别透雕锦地,涂黑漆,与红色的间面相错,图饰纷呈叠沓,风格上略显浓丽。此器造势磅礴,当出自于富贵人家,属于祠堂供器,产地山西。

16世纪红漆高束腰花叶腿画桌

　　红漆有脱落，冰盘沿以下，高束腰四周设若干凹面短竖材，装绦环板，铲出海棠式的线圈，于圈里镂出万字锦，锦纹上又雕出小云牙。托腮与牙板相接，素牙条起灯草线，边缘与腿足交圈，腿足下部呈花叶式挖缺状，足下有承珠。风格富丽，略显秾华，可以与黄花梨者媲美。

16世纪黑漆高束腰花叶腿画桌

清康熙仿竹节黑漆石面画桌

　　以木仿竹是新的线脚艺术，是由竹制家具中产生的新趣，在唐代已有竹制的禅椅，如《六尊者像册》中所描绘的。竹寓虚直，相对符合文人的高洁情操，通常是出现在文人的生活当中。但流行仿竹制的意趣稍晚，清代比较流行。画桌为裹腿式，面心嵌绿纹石，桌盘垛出双层，虽不及腿柱粗大，但却比其多出层面，同时对于间架之间横竖材的粗细也是一个合理的对比。

　　在横帐与腿之结合处，由两侧横枨里侧用榫与腿柱卯合，外侧做出飘尖，使两条横枨对头相接，包住腿柱曰"裹腿式"。

明式榆木交枨式大画桌

　　面页稍稍喷出，直条牙板，腿柱上宽下窄直落到地。画桌的承重是通过板底对角所形成"X"形交枨而均匀地分递到四只腿柱上，如果不是俯身反看，仅从各个立面判断，我们几乎都会误认为是"霸王枨"！交枨的使用在家具中并不常有，一般在考虑到桌面纵深承重的合理分配才会采用。画桌的线面比较简练，把我们通常所看到的马蹄足也给消隐了，属于写意风格。

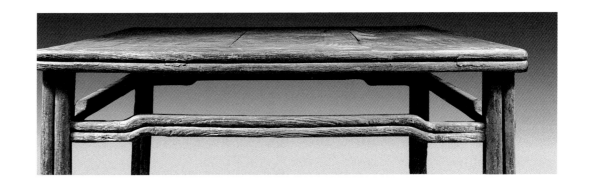

明式劈料罗锅枨方桌

　　明清两代的方桌大体上可分为喷面式或四平式，但是在构件的变化上又涌现出一腿三牙式的罗锅枨以及加卡子花的罗锅枨，还有束腰式、三弯式、角牙、裹腿、劈料等，尺寸上可逐步分为四仙桌、六仙桌以及八仙桌不等。方桌通常为宴用，本非雅器。桌体为劈料线脚，面板稍稍喷出，腿柱如芝麻秆形。整器给人的感觉，就好像是几条横竖的线段进行了偏移，遒劲又简约，虽说是柴木，但还是能够依稀感觉到明式家具风格的气度。

明式展腿式雕花供桌

于四缘均以大小不等的雕花牙板相互拼成随形角口，中间大面积留白，并在腿柱间设横枨装绦环板，透雕吉祥花。就结体而言，桌面以下是难以入腿的，可以判定绝非宴饮之器，而是供桌。但是在装饰上富有明韵，也粲然可观。

明式壶门带围裙方桌

壶门式牙板，并以竖材攒框各分三格装绦环板，设开光，宛如围裙。线脚打凹式，结体也新颖，但是间格排列直切，过于平白。

清早期黑漆高束腰方桌

　　通体髹黑漆，面板以下四周用仰俯莲花状的短材分为数格，装板铲底起线，其中靠左边的线圈是硬角，不知何故？束腰下的肥实托腮与喷出的面板促成须弥座状，托腮下又有小束腰，从未见过二例。四腿顺势外撇，内翻马蹄足，结体扎实，稳健，风格中也透出一股雄浑。

清代紫檀木垛边小方桌

　　元代家具展现出了新的构件，是用一件曲形的短材，一端托住底扳的穿带，用销钉固定，另一端扣在腿柱的上部，可以均匀地把大件结体的承重分递到腿柱上，曰：霸王枨。此外在元代家具的足端相当流行的云头饰，到明代已简化成为马蹄状。凡束腰式，三弯式，在明代家具的风格中才更显得疏朗、纯朴。其中马蹄足是明代家具中使用频率最高的装饰，从某种意义上讲马蹄足也是壶门的残余。从风格上看，马蹄足可分为软足或硬足，有的还伴随着皮条线与牙板交圈，墩短修长，几乎可以融入任何结体的家具中间。一般硬足的使用会偏向于清代，绝大部分是受回纹装饰的影响和牵制。

明式三弯腿方桌残件

桌类中取三弯腿形，细则易轻佻漂浮，厚则易臃肿肥软。三弯腿的彭、收、放，很难审度，一不小心就会做得生硬，或者柔弱毫无弹性，因此对于弧线弯转的把握也相当不易。此方桌残件，设束腰加托腮，三弯腿舒敛下滑，外翻马蹄，显得淳朴凝重，必不多见。

清代高束腰三弯腿长方香几

腰板设开光雕蝠纹，牙板彭出带披肩，与三弯腿分出层次，腿势于足头外翻卷草叶，加托泥，装饰的风格形成显然稍晚，大约在清中期左右。

清代黑漆三弯腿半圆桌

圆桌的结体或者可以说是从圆鼓凳的概念上放大的，半圆则更容易靠近墙壁。在古人方正的思潮里，它很难是主流，但在清代中晚期却相当流行。

明式彭牙弧腿琴桌

抚琴是古之士大夫的文化象征，琴桌随琴器而生，结体上还有琴几、琴架、琴台。琴桌一般在桌板里设有空层，以空洞的虚箱可以扩大琴弦的尾音，揉搓之间，合于共鸣。因此琴桌中的虚箱也可以称为共鸣箱。此器弧腿修长，足蹄内翻，彭放轻颖，是一件难得的文人家具。

明式掀盖式芝麻秆腿长方桌

　　桌盖可以掀合，内设暗仓，有棋符，掀盖后可以另用，以二合一，空间之裁度，可谓细算。罗锅
枨折转式的向上拱起，这是在明代早期家具的装置上经常出现的风格，是由带角口或雕花的罗锅枨简
化到光素罗锅枨的过渡，但是在明代晚期以及清代都有沿续此种风格的实例，具体的制作年代要根据
整体的装饰意向，才能作出准确的辨别。

明代黑漆夹头榫书案

案形平头式，全身髹黑漆，圆腿直足略带侧角收分，云纹牙板线圈流畅，案体虽为条形，但是面板相对稍稍加宽，通常称为书案，伏案深思，可以挑灯夜吟。此器风格古朴凝重，结体不张不扬，线脚简练，清雅不俗，必属于明代器物。通常在案形结体中，于腿料上截削槽，夹住牙板的剔口再与面板的榫眼卯紧曰："夹头榫"结构。

16世纪红漆平头式长条案

　　长210cm、宽44cm、高81 cm。面板铺麻绒灰，腿牙夹头榫结构，圆腿直足，刀子牙板，漆色为朱砂红。条案一般立于房内的山墙，可以放置书函或古件，但是占用的空间面积较多，不论城乡，一般都有陈设。

明式平头式夹头榫云纹牙板小画案

　　黑漆圆腿，云纹牙板边缘起阳线，器形的比例也不算匀称，从风格上看也多少透出那么一点清朴的感觉。云纹牙板在宋元两代广泛使用，从意趣上看基本也是从早期的壶门床而演化出来的装饰构件，或简或繁、或大或小，却很耐看。当然在明清两代的家具结体中云头纹的装置逐渐趋于具象化，线圈也显得更加曼妙。通常在平头式的案形中，案面比起书案又宽，则可以称为画案，此器造型有一点傻拙散漫，似乎给人一种不经意的感觉。但是意趣古朴，可为一品。

清早期平头式夹头榫方腿小画案

榆木质，牙头铲出云纹线，并剔出小浪头向外倾仄，中间加连珠，精妙活泼。壶门牙板的分心花，是明代晚期向清代过渡的装饰体现。但是器态方直清绝，线圈律动，是一件很有韵味的明式山西家具。

清早期黑漆一腿三牙大画案

　　黑漆纯古，圆料光素，是清代早期相当流行的案类制作风格，我们都知道这是朝代更迭的过渡期，以清早期为例，沿袭明代的家具款式以及装饰风格也是某种必然现象，家具风格近似于明代也就自然而然了，但是一腿三牙用于案例，并不多见。画案为圆腿，稍带侧角收分，为了避免罗锅枨无矮老的跨度过长而形同虚设，才直接与牙板抵贴，以求稳妥。

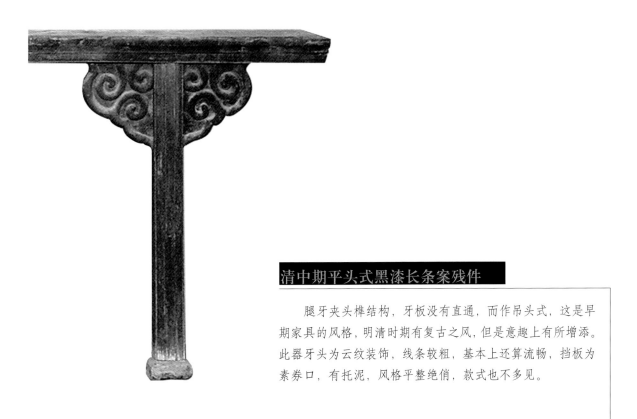

清中期平头式黑漆长条案残件

腿牙夹头榫结构，牙板没有直通，而作吊头式，这是早期家具的风格，明清时期有复古之风，但是意趣上有所增添。此器牙头为云纹装饰，线条较粗，基本上还算流畅，挡板为素券口，有托泥，风格平整绝俏，款式也不多见。

清代黑漆夹头榫云牙平头书案

　　这是一件做工分明的乡村家具，沿着阳线边圈的斜坡，还没有来得及打磨光滑，就已经作了漆色，多多少少显得随意了些。但是削出的云纹牙头，却是简练，毫不托滞，也正是此器值得品味的缘由。

明式铁梨木板足卷书式大条几

长约 4.8m, 铁梨木一般多大料, 不足为奇。但是从制作的风格上分析, 这是一件明显有着明式装饰意向的家具结体。

明式板足式条案

以面板三块，横竖成形，作燕尾榫穿合，可谓极简。

明代家具发展到真正成熟的阶段也是相对简化的，写意的。一件家具就是线与面，或面与面的组合，有的则赋予了不同的文人理念，从而进一步增加了器物的内涵，因此一件雅气的明式家具，看上去虽无雕作，但是仍然表现出极强的艺术感染力，虽几百年过去，其生命力依然旺盛。今天我们从为数不多的传世实物中可以感受到明式家具的曼妙，造型简约但不简单，式样新奇但毫不张扬，想必这也是明式家具的魅力所在。

明式榆木插肩榫花叶腿平头案

案板宽厚并与腿牙抹平，形式新奇。

明代柏木板足式独板翘头案

　　漆表已脱落,案面为独板,翘头做出弧线形向上挑起,根据木纹的质理可以看出,案面是用整板直料扭弯加工而成,而并非是挖出削成,造型相当不易。在案体的板足上下各自削出"U"形条口,并做出燕尾榫头,与案面的槽口穿合在一起。式样别具一格,简约不俗,十分罕见。

明式黄花梨夹榫翘头案

　　王世襄老前辈已经对于类似的结体，作出了详尽生动的阐述。牙板的雕作为凤纹相背，取材于古玉的图案。此器采于苏州地区，案面板底披有麻灰，仔细一看约有三分之一是用胶水粘上去的，但结体绝非伪作，估计是出于对麻灰的保护而作出的浮燥处理。

明式黑漆夹头榫带托泥翘头案

明式榆木夹头榫刀牙板小翘头案

清早期榉木雕螭龙吊头式翘头案

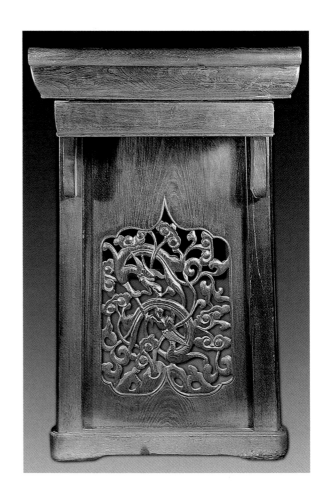

清早期榉木夹头榫带托泥雕螭龙翘头案

清·李渔《笠翁秘书》插图 康熙十年(1671 年)

明式夹头榫独板托泥式翘头案

全器用方材，案板两边设有小翘头，边抹平坦，云牙为吊头式，由档板内挖出的云头纹，孤立升起，显得乖巧。整器给人的感觉也十分硬朗，是一件风格鲜明的明代晚期文人家具。

清早期黄花梨插肩榫壶门式牙板小翘头案

清代榆木夹头榫带托泥雕文石翘头案

清早期榉木夹头榫翘头案

清早期柏木髹漆大翘头案

　　案材为柏木，通身漆色就像是栗子的外壳，用料显得有些厚重，跨度约4m。翘头部分顺势挑起，小牙头也倾仄简约，与肥面宽腿烘托相映，风格古朴而豪壮！

清代红漆夹头榫雕灵芝翘头案

通长4m，腿柱线脚打凹作，牙头回卷云纹，挡板透雕灵芝崖石。

清代楠木夹头榫翘头案

　　结体略显笨拙，云牙兜转流畅，挡板起壶门线圈，透雕水石花鸟，生动细腻，但是难免有一些浮俗之气。

清代铁梨木雕拐子纹带托泥大翘头案

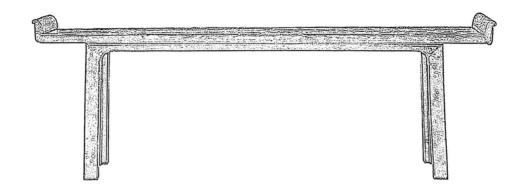

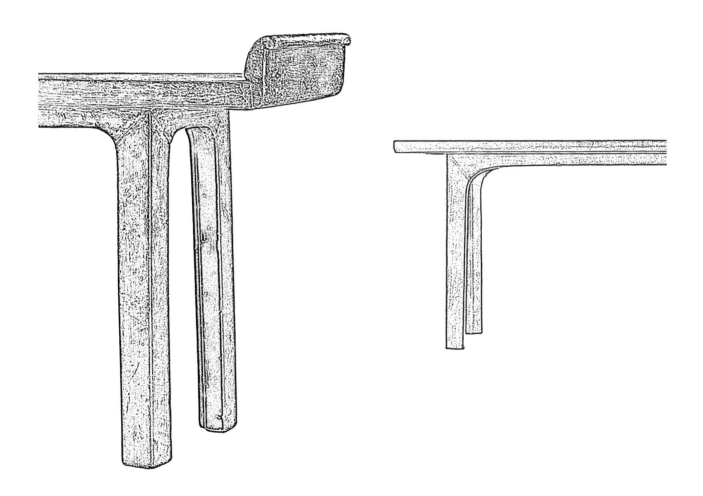

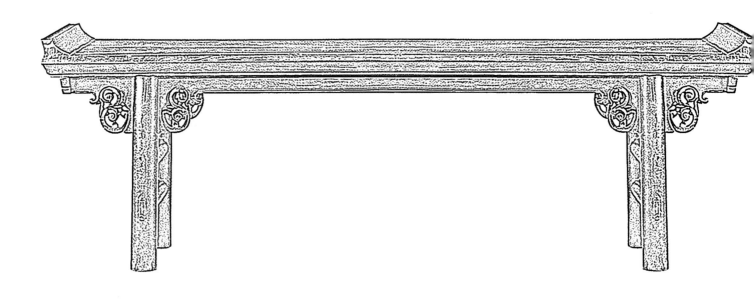

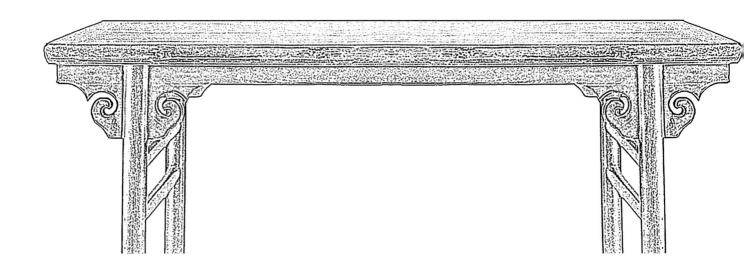

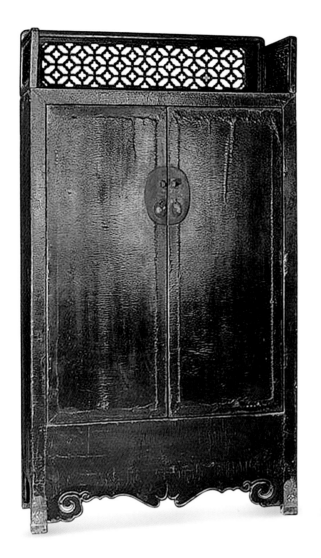
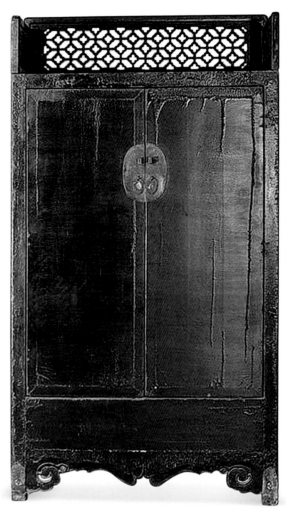

明代黑漆带围子方角柜

通身髹黑漆，断裂如蛇腹纹，顶部设围子三面，并挖出透空的梅花格子纹，柜体下部有闷仓，腿材为方料，包铜套足，壶门式牙板弓张有力，从意趣上看属于明代中晚期的风格。而柜形的特别之处在于柜顶的围子，通常是用于床形结体，像罗汉床、架子床等，于柜形结体中，难得一见。柜仓附有款署，曰："余杭十长老置"。

清早期红漆大小头方角柜

柜面红漆已断裂，戴柜帽，轮廓的边线也直素，造型并非出类拔萃，但是方料的线脚，给人的感觉十分硬朗，也很有个性，值得品味。

[高雄·采风堂·郭道明先生提供]

清早期红漆洒金五抹柜

　　柜面红漆洒金,柜门为五抹式,并在各个塘面铲出壶门式以及鱼门洞式的线圈,虽然说线脚的装饰意向基本与明代的装饰风格吻合,但是整体舒敛的美感不是太强,估计制作年代应该在明末清初之际。

明式黑漆圆角柜

柜门设闩杆，闷仓的塘面分三段围成券口，壶门式牙板，柜帽与足底伸展一致，柜身上敛下舒属于明式家具在形体上所作的精微的改观，俗称"大小头"，从陈设的角度上看，如果以两件成组，就永远也无法靠拢，通常这一类家具在古代并不适合相对狭窄的城市空间，相反在乡村则比较常见。

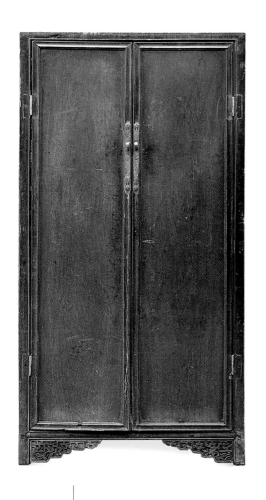

清代榉木四平式方角柜

柜身边框以及门边皆为打凹作，牙板雕拐子纹，比例适可，只是意趣上已属于清代的匠例。

清早期黑漆多格面雕花大柜

柜面以长短不等的横竖材攒成二十六格，每格均打槽装板，上下二段的塘面雕饰为卷草纹，其他塘面拼出券口，门里设闩杆，是一件富有浓重乡土气息的山西家具风格。

清代黑漆六抹门圆角柜

柜门分五段，六抹攒成，各个间格分别铲底起线，其中一段铲出云头锦，柜体下部设有闷仓。

明式核桃木黑漆圆角柜

清早期槐木嵌瓷板透格圆角柜

清代早期黑漆中柜

　　表面黑漆,柜体带闷仓,立正劲挺,门边栓柱雕出竹节纹,这一类的风格一般多出现在文人的家具生活中,结体上也并没有不寻常之处,但是竹节的点缀可算得上新颖,又符合文人的性情,因此也正是清贵不俗的寓意,平添了器物的艺术气质。

清代早期铁力木方角柜

　　四平式，柜高2.26m，造型方直，尺度略大，属于京津地区的家具风格。柜体下部设有闷仓，柜里披灰髹漆，细看漆痕及边角错位，疑为柴板另配。通常于硬木上施灰，在江浙一带也比较常见。

清早期黑漆顶箱柜

　　门扇对开，设闩杆，顶柜与底柜各饰满月式及委角开光，塘面描金已脱落，下部设柜膛，包铜套足。器件成对之一，通高 2.65m，造势磅礴，显而易见。

[台湾·采风堂·郭道明先生提供]

清式酸枝木雕云龙顶竖柜　　[瀚江古典家具公司仿制]

　　柜形四平式，堆灰，正面已残，不足起见。所附图为背面，堆灰以多宝格式
分成间面，但是博古的装饰，已属清代的风格，只是工艺合于古制，可为一品。

明代中早期金漆雕云龙高足架格

　　架格分三层，设高脚，可以避免地气的潮湿，牙板因年久已经损坏。通体雕云龙海崖髹金漆，刀法果敢，毫不拘泥，金漆纯古苍润。架格侧面为镶板，并铲出壶门式的线圈雕戏龙，龙身呈条形状，龙态昂然，且龙须上翘，头小，属于明代的装饰特点。整器饱满富丽，应为皇室之物，估计制作年代会在明代海禁之际，硬木尚未通，虽皇室朝庭，亦必附于软木漆作的流行！

　　〖故宫有藏大明隆庆年雕龙四抹门圆角柜，如出一辙〗

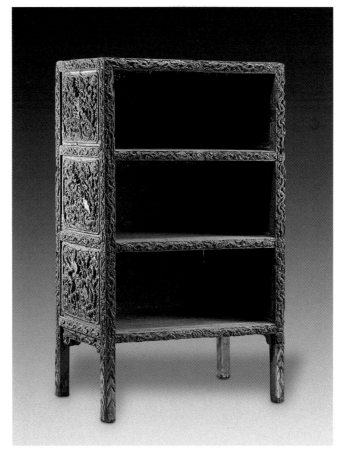

明代晚期漆作栏杆式双层亮格柜

柜格方正，上部设双层亮格，三面开敞装壶门牙子，侧边有栏杆，作典型的山西式荷叶壶瓶小托柱，寓意"平合"。栏杆中层设开光，在底边削出曲边小壶门，细切精凿。下部为柜仓，柜门装闩杆，对开。全器淳朴凝重，饶有古趣，漆表虽有火烧迹象，但形韵不失，只是分心花的应用，已渐入清代。栏杆为仿木构建筑风格，也是对宋元文化的某种承袭，制作年代很有可能会在明末清初之际。

注：笔者曾于2005年10月赴北京故宫博物院专门求教于胡德生先生，最初我是把此器的年份定在明代早期，但是胡德生先生从分心花的装饰意味上给予指正，才有以上肤浅的评析，并在此特别感谢胡德生前辈。

明代朱漆描彩全敞格架

　　四层全敞，披草灰，朱漆，钩金描彩，已脱落，腿柱上部出头，于顶端削出石榴形有小柱头，横板与腿柱以钯钉锁紧，估计因年久失修，为了防止散架，钯钉是后加上去的。腿足稍高，以免近地潮湿。全器因年久风化，层板上面的漆色已脱落殆尽，只在底面尚存有大面积的断裂漆纹，但器态古朴大方，必属于明代的器物。

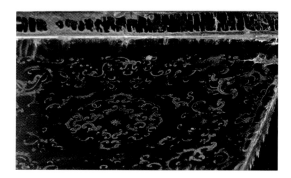

清代乾隆黑漆描彩板足式多格架

　　格架高狭，以曲尺板分为数格，前后开敞，间格空灵又高低错落。板足底边开壶门亮脚，是一种古朴的点缀，并不显得多余。至清代中期以后逐渐流行上格下柜的形式，俗称"多宝格"。实际上也是集格架与柜子于一身，通常还设有抽屉，格子也增多，装饰也显得繁琐，功用上也相对扩大，由于摆件的增多，看上去琳琅满目，自然也就不能与此器的轻巧与古雅而相提并论了。

清代榉木开光式亮格

陈鼎彝，列经史，亮格作了实用与美观的有机统一。全器方材，格板三层低位设双抽，上下层各设围板镂出云纹，顶层另装垂楣设双环卡子花，而中层装饰另辟，四面敞开作圆形、壶门券口。当把器件陈设于内的时候，不难看出因为券口的作用，半遮半掩，格架就多出了一个含蓄的空间，也正是此器设计的绝妙之处。

清代圆料四面全敞格架

　　格架圆材，三层，四面全敞，稍稍带出戴格帽，通身无饰，底端设罗锅枨牙条。在家具结体上完全以线条为主导，空灵高妙，疏朗简约。

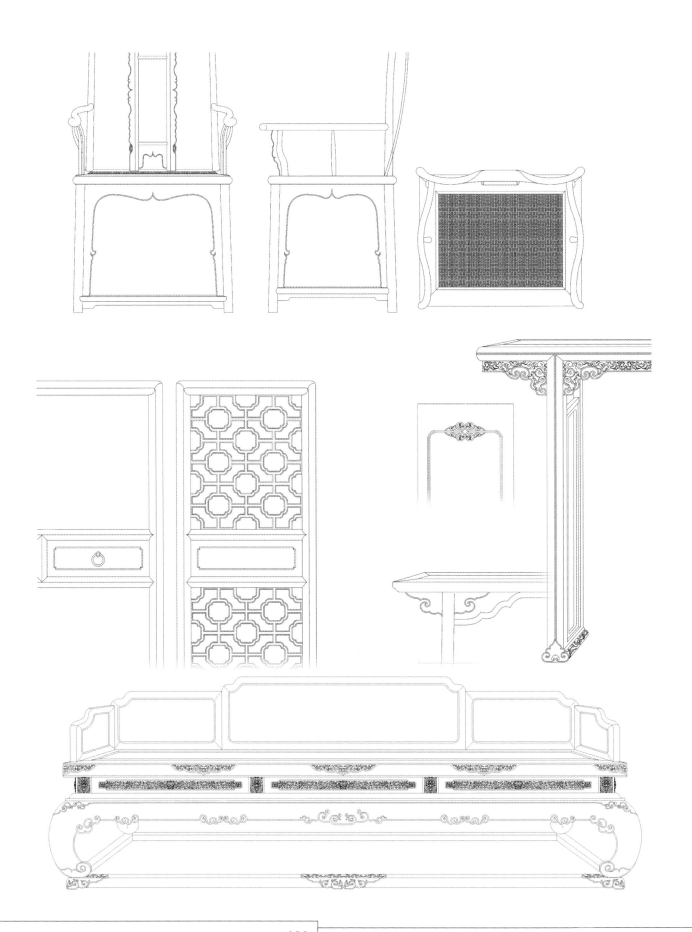

明清制造

MingQingZhiZao · ChuangTaLei

床榻类

16世纪漆作高束腰藤面小榻

　　古书《释名》语"狭长而卑者曰榻"。在家具生活中大榻可以安卧寝眠，小榻可以乘凉静思，此器结体宛若一条春凳，但是横面的纵深，已经超出正常臀部大小的二三倍，结体也远不像春凳一样可以随手挪动，故谓小榻。榻体的漆色以红罩黑，因年久风化，已显斑驳。榻面狭长，高束腰四周挖出透空的鱼门洞开光，腿柱与牙板拱肩相抱，并由交圈的边沿铲出一条富有弹性的皮条线，再顺势向内翻出马蹄足。在榻形结体中这种款式基本找不出二例，风格也古逸。

清代早期浑边象鼻腿漆板榻

　　成对之一，长出 2m，若为榻，藤面可矣，板面可矣，就是漆面不可以尽信。尺度也相对宽大，带束腰，有披肩，壶门牙板外彭，线圈也流畅。但是值得疑问的是象鼻式的弯腿，纤瘦又加珠承，从木性上看，如此制作必不堪重负，或榻或台？一时莫可辨，权且曰"榻"。

清代早期黑漆束腰式三弯腿藤面榻

榻面绷藤,有束腰,四缘设托腮,彭牙直素,三弯腿律动而沉稳,不张不扬,造材属于"舍料取形"之匠意。从结体上看,肥瘦已无可增减,曲度也无可彭收。

明式榆木黑漆马蹄足四平榻

床体用料厚实，榻面为装框绷藤活动式，马蹄足墩短，有拙味，虽为柴木，但是耗材之多，又极其简约，硬木自不可比。

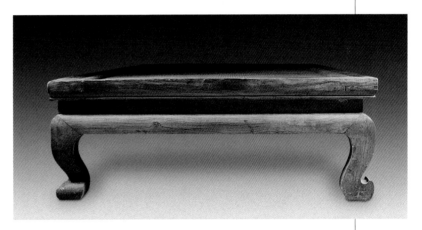

清代榆木三弯式凉榻

　　结体笨拙，两端雕出交错相织的如意头，榻沿也铲出工整的回纹线，三弯腿外翻，弯势也有点随意，风格也粗犷，举此一例，以示古意。

清代黑漆翘头式带束腰三弯腿藤面榻

宋人·维摩图

清代早期五屏式箱形围子床

结体宛若宝座，但是从尺度上看更可以卧坐。围板五屏式，高低渐阶，围板里又分出若干个小塘面，四角各设独立的角柱，作榫，并以铁件钩挂与围板联结在一起，柱头雕出莲花纹。下座则是箱形结体，并在看面装虚箱板三面，分别铲出宝相纹，中间一面为活动式，可以置暖炉或可储物，藤屉全为后配！但是腿材方直又戛然而止，毫无含蓄之美，自然也是年代较晚的意趣。通常屏箱结体的床器在早期家具中可见。此床采于山西，明器中也未见流行，估计制作年代当在 16 世纪末。

清代早期黑漆弧形围板三弯腿罗汉床

　　榆木黑漆，三面围板分别作抛物线于中部拱起，在围板的相交处开出槽口，并以"走马销"联结在一起，床心绷藤，大边用厚料，边抹光素，三弯腿外翻马蹄足，线条弯转适度，器态也清素有古趣。

明式黑漆马蹄足嵌席围子床

床的围板为同一高度，板心以席编填满，素牙高腿，内翻马蹄足，黑漆色泽古雅，意境高逸，风格清绝，属于文人家具。

清代榆木无束腰活面围栏床

　　床围上部以短材攒成"品"字格，下部为实木板，一透一实，新颖而耐看。藤面为活动内嵌式，牙板曲波，并无明显垂披。三弯腿前翻如钩，大边宽厚，光素平板，"无线而线"，绝不可以单调论。

清代香蕉腿三围板罗汉床

　　床宽1.86m，床面绷绳，罗肴核，施枕簟。边抹浑面光素，设束腰，牙板向外
彭出的弧度相当大，俯视一看，整个腿柱的脊面几乎脱离了床基，绝非常有。围
板带委角高低分递，只是转角有些硬朗，围面所铲出螭龙团纹，也粲然可观，风
格雄浑，是一件难得的大尺度的床器。

清代楠木三屏式罗汉床

清式紫檀雕云龙、海八怪三屏式罗汉床

[瀚江古典家具公司仿制]

明式山西四柱式带围栏架子床

床可以安寝,一般架子床的床柱都是为了撑起纱帐而设,
最上部的床顶也叫"承尘",传世的明式风格也林林总总,或
俗或雅,或简或繁。

明早期壶门式带底托架子床残件

　　器态有木构建筑的影子，是辽金以来的结体风格，线条甚为成熟。残件保留着壶门式带托泥的做法，三弯腿带披肩，线圈娴熟，所雕出的卷草纹生动细腻，在看面的边沿垂出倒头式的云纹，铺排成行，昭示出辽金或元代装饰风格的叠沓与迷离。鱼门洞开光、荷叶项唇、石榴头望柱、内兜角牙、剑脊线也基本符合明早期的装饰意向。笔者根据残件的榫窝，已复原出床的整体。

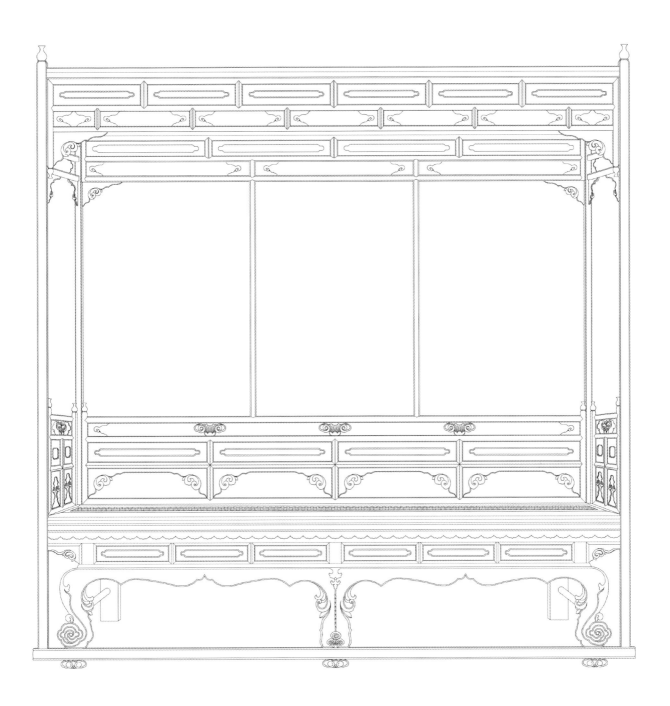

明早期壶门式带底托架子床复原图

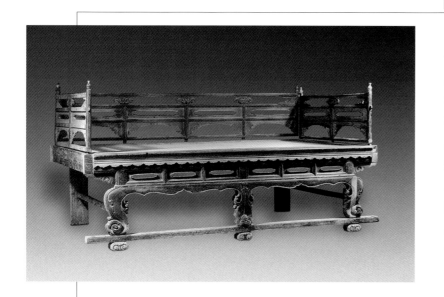

床沿大面铲出长条形的半开光，由腰部又分出几格，并又开出鱼门洞式的开光，腿肩与床沿的角窝里也设有角牙，宛若木构建筑上的雀替件，与其说是结实求固，倒不如说是以补充轮廓的婉转与优美。三弯腿带披肩，内翻卷叶，外翻花牙。两段曲波壸门于中部迂回，相背又构成花叶腿一只，底托为墓配，后腿则简素为次。全器有早期壸门床的影子，只是在修饰上又更加细腻，如底托、分格壸门，风格倾向都比较早，制作年代也当在明代中早期。

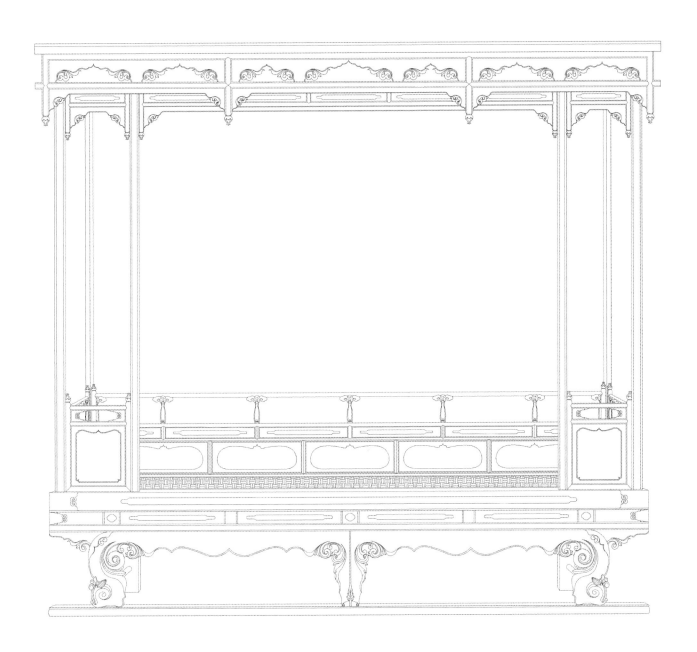

明代黑漆三弯腿壶门床复原图

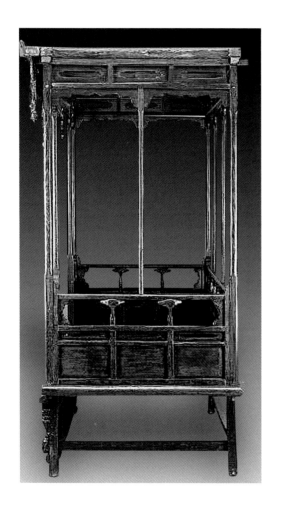

明代黑漆十柱架子床

架子床四柱六柱有之，八柱罕见，十柱为特例。而"毗卢帽"是在清代康熙朝流行起来，明代则不常有，此器顶帽为连续的云牙里外倾仄，工妍而淳，风格早出，能与毗卢帽扯上关系，似乎有些牵强。床身正面设床楣、分格、装板，于开光处雕出枣花纹。垂柱头雕莲花纹，中间装有壶门牙子。凡枣者、莲者寓意"早生贵子"，是古代床体特有的装饰。床身设围子，围板有栏杆，设壶瓶式莲叶小托柱若干，中层设开光，下层设裙板铲底起线，正面门围的镶板上雕出的蔓草、石榴、牵牛花也各有寓意。此外为了避免整体上沉下浮的轻飘，便在两腿之间装上衬板，加上托泥，以虚逞实。此器由山西采来，风格之昭著，器态之昂然，构造之磅礴，是一件不可多见的明代软木重器。

明代漆作围屏式架子床

床顶喷出，四角搭出榫头，装挂檐，前面及两侧装绦环板，开鱼门洞，髹红漆。床柱四根，圆材，柱底有莲花基托，正面及侧面围子中部微微弧起，于上部边沿向外翻出，异常柔和，并在围板底边铲出有极其细腻的曲线。床的沿面也铲出开光，填红漆，牙板为壶门式，腿势也明显外彭，并向内兜出小球，于足头架起锥形小擎柱与床体相结，稳妥且美。

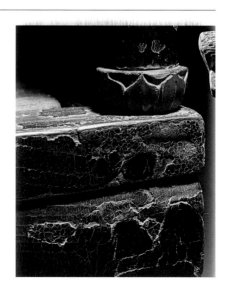

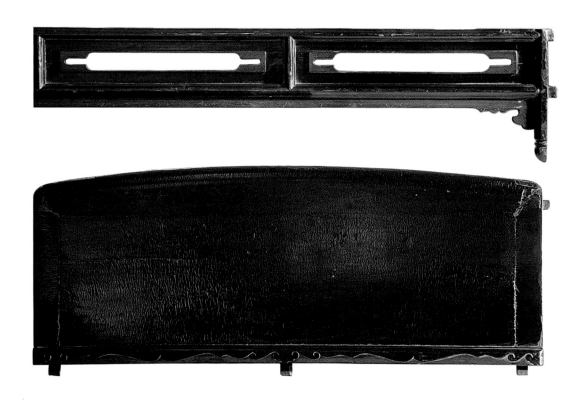

明代红漆雕花架子床

床围为五屏式，通面攒框装板，铲底起线，并由底线削出曲边。五屏式在宋元家具中可以得到佐证，明清时期也曾几番延用，只是在层面的装饰上有所增添。此器通身髹红漆，于床座沿面雕出对角花，并以菱形花簇相隔，束腰也有雕工，带披肩，牙板作壶门式并在线圈的窝里填满富丽的花叶，腿形稍稍外翻，挑头也饰花叶，仿若唇皮，并有莲纹足蹄相抵，线条也生动流畅。床身设四根委角柱与床顶以搭榫伸出，四缘设挂檐，装板镂花，并与柱体相接处装角牙，前后的横梁上则设垂牙，所有的纹样皆雕作细密，格态也自然丰韵，又虚实错落，毫无繁缛之累。后腿则为简素方材，因为依墙靠里，基本是展现不出看面，所以为次。此器所用的纹饰，属于明代风格无疑，比起硬木者，也不失为堂皇。毫无疑问也是一件明代漆作家具中的重器。

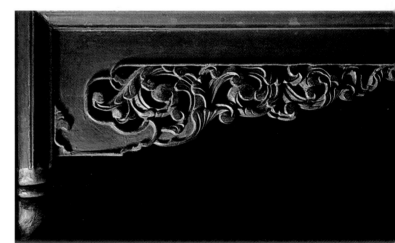

清代早期紫漆带门围攒品字格六柱架子床

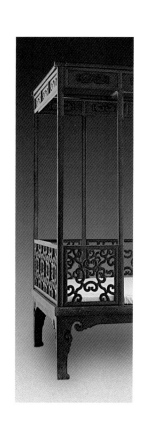

明式榉木八柱架子床

设八柱，上檐周缘设楣板，镂出如意头若干。床围用短材攒成四簇云纹，正面设方门围两块，床沿浑边，于腿窝里镂出内绕的小云牙，师出新意。类似者，过眼已有二三件。此器结体线脚皆属明式，制作年代当在清代。

清早期黑漆马蹄足板块式架子床

  四角立曲尺形板柱，床架四面装楣板，以挂榫连接出头，上部装顶盖，或曰：承尘。腿足短矬，内翻马蹄，通体漫无雕饰，极尽敦美大方。此器采于山东，以地域为界，风格如人。

明晚期黄花梨带门围子架子床

　　床身立柱六根，带柱础，柱身脊线一通到底。正面设门围，两侧及后面装长围子，皆用短材攒成四簇云纹。顶部四周设挂檐，装绦环板若干，镂空锼花，分别在两侧的板角开有一个圆形的洞孔，实际的意义是用来穿帐杆。床座设束腰，为马蹄足形，牙板也直素。风格略显浓丽，是一件难得的明代硬木家具的重器。

明式榉木马蹄足四柱架子床

上檐有楣板，四周设开光，床围三面，以凹材攒成品子格，疏透空朗，马蹄足也简实。

清代榆木圆料枨格式带门围六柱架子床

明式浑边马蹄腿漆床残件

　　漆表已显斑驳，边抹宽肥浑润，束腰窄狭，尤其马蹄足墩实含柔，一足虽为摹配，但是从弧线的圈口上看，韵律有所不及。因为床面的沿角存有榫眼，怀疑为围子床。所附复原图，仅供参考。

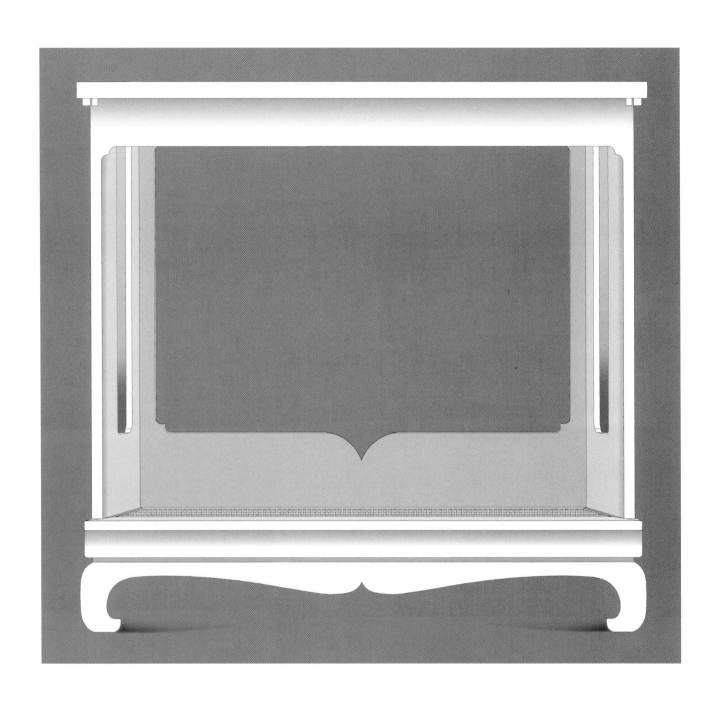

明式浑边马蹄腿漆床复原图

明清制造

其他类

MingQingZhiZao · QiTaLei

明代红漆三弯折合式小炕桌

明代晋作榆木雕花小炕桌

明式红漆束腰马蹄足式小炕桌

明代楠木棱格面壶门式踏床

清代黑漆板足卷书式小炕儿

清代早期榆木原味束腰式象鼻足条形炕桌

明式榆木格子面三弯矮足踏床

清代壶门三弯翻球式方面炕桌

清早期黑漆束腰三弯翻叶式带蹄垫小炕桌

清代委角板足拐子式条形炕几

明式板足三弯卷书式炕几

明代椿木束腰式六角炕桌

　　面心为两片梯形式的活板，可以反复取下，便于在冬天的时候放置火盆，壶门牙板与腿足交圈，马蹄足外翻，造型活泼，风格古雅。炕桌面径58.5cm，是一件极富艺术气质的家具小品。

清代三弯腿带束腰小炕桌

三弯腿，涡纹足，束腰处锼出硬朗的小开光，牙板铲出卷草纹，尺寸也不大，既为炕桌，顾名思义是北方人在炕床上使用的小桌。

明式榆木插肩榫叶纹足小炕案

北方天寒，设置火盆可以取暖，火盆架随之而生，可以
把装有炭火的火盆支撑起来，便于移动，因此火盆架的应用
一般都出现在北方。

明式攒格多牙翘头式衣架

明式撇角式六足盆架

清代黄花梨折叠式镜奁

镜奁为闺房梳妆之物，上方用于放置圆镜的支架为折叠式，于四周分别雕出梅花、枣花和灵芝草，也多少隐喻了女性的特质，下方的小抽屉可以用来存放胭脂和发饰。

[台北·居意·张富筌先生提供]

清代红漆单抽榻用小橱

清代红漆描彩四平小箱

清代棱格式储物小座箱

清代瘿木带提手文件盒

就像火盆架作用于火盆一样，烛台是作用于蜡烛，但是在古人的生活中，烛台的应用不可或缺。右下图为漆彩官皮箱，可以用来储存小物品。左下图及底层图为酸枝木小箱，箱体雕拐子纹，盖口铲平边线，立墙四角卧槽包铜，侧面设提环，正面装圆形面叶，云头拍子，属于文人案头布陈的小品。

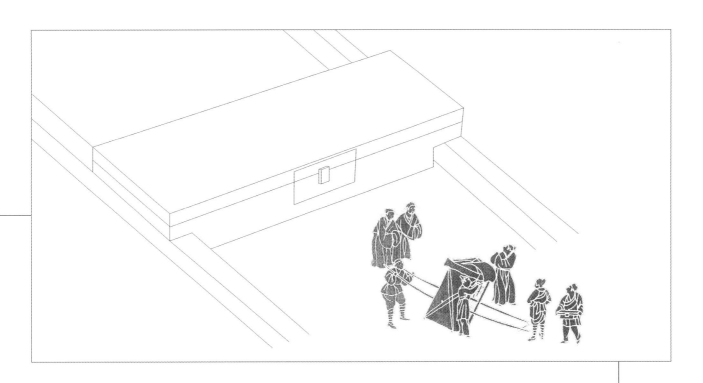

清代早期黑漆软钿山水人物轿箱 [高雄·采风堂·郭道明先生提供]

明代黑漆高束腰三弯式方面香几

几面方形，束腰向内渐阶缩进形同于佛教中的须弥座，托腮挑沿，披肩上贴有金铂，壶门牙板外彭，边沿铲起的阳线奔放而富有弹性，并顺势与三弯腿交圈，一直把流畅的线条延伸到翘起的足头上，再以卷叶草收尾，曲度优美。足下有承珠，带底托，也作壶门式三弯形的线圈，线脚与上面相呼应。整器玉立出众，风格古雅，耐人寻味。

清代榉木四平带托泥香几

　　香几上截就像是一个长方盒，分别于三面透雕螭龙纹，生动逼真，只在背面简单地落塘起鼓，牙板为洼堂式，并铲出云头纹与马蹄足交圈，踩托泥。器态方直，款式也不多见，看上去多少有一些乡野气！

明式香椿木夹头榫云牙高足小香案　　[大明居藏]

明式紫漆四平式券口茶几

　　垂足宴饮确立了茶几的地位，通常是二椅一几成组，结体一般以轻巧见长，与椅座扶手基本相平，可以置茶件小点。此器中间设单抽，上下二层四面开敞作券口，屉脸与几框抹平，敞朗净素，一别俗味。

明代楠木嵌云石小座屏

　　座屏的屏板框架为打凹作，外框与内框之间再用短材攒成格子，装绦环板并开鱼门洞。屏心嵌云石，底座支点为抱鼓式墩子，装披水牙子，立脚上设壶瓶式站牙，以便前后抵贴屏板，增强屏体稳固性。此类小品多置于书房案头，大多为文人清供。

屏风的主要性质是用来遮挡，式样上分为落地屏、折屏、挂屏等。桌屏则改变了屏风结地而设的模式，起于个别文人的别出新裁的赏玩之心，以便置于桌里案头，可以赏玩，而实际上则是完全脱离了挡隔性质的实用范畴。特别是到了清代，在桌屏上嵌石镶玉，刻字作画，更是充满着玩味。

清代紫檀雕拐子龙小桌屏残件

清代云石挂屏

挂屏分别以酸枝木作边框，以楠木作膛板，色阶深浅托出云石。屏框为打洼作，屏心大理石为白质青章，山水云烟，天成之作，屏以壁上观为挂屏。云石挂屏在清代较流行，大多置于庭堂书斋，也是某种文气的表现。式样上可分为矩形方形，三格五格，但是笔者向来不尽喜爱，举此一例，以示古制。

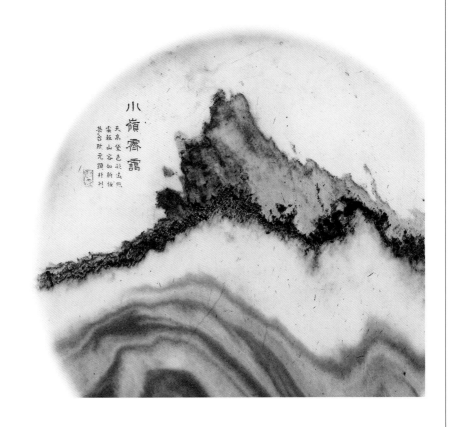

清代黄漆灰板刻米芾笔意

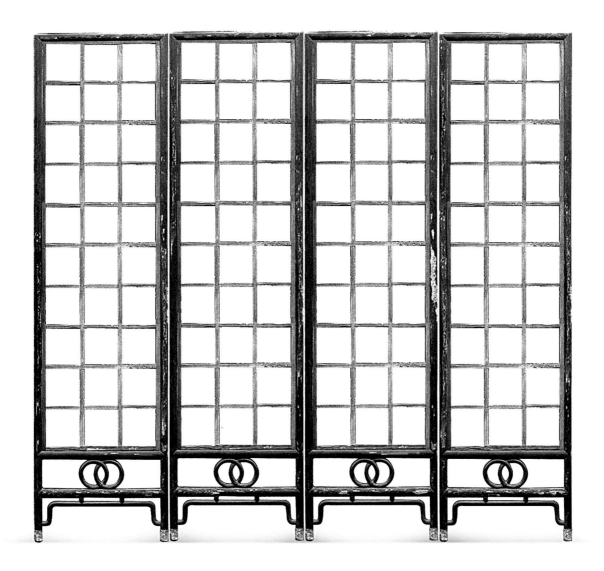

清代紫檀框格子心四扇围屏

清式紫檀满工镶云石大插屏

　　插屏分别由屏板及屏座组成，整个屏座为满雕水龙纹，龙态各异且生动，刀法细腻，极尽华丽。屏板做出委角，边框由里向外分别雕出连续的回纹以及西蕃莲纹，屏心镶大理石，山水云烟，缭绕如画，并有题记曰：山外秋烟闲，天阔水云多。整个插屏宽出2m，高约2m，上下分为二体，当需要挪动时，可以把镶有云石的屏板从屏座的槽口取下。值得一提的是，因为器体较大，屏座的立脚没有采用通常所看到的前后伸脚式，而改为十字形的立脚，并在左右两侧多出了两个站牙，这样做不仅美观，而且使整个插屏看上去更加泰然扎实。再从雕作上看无论回纹、西蕃莲纹还是水龙纹，都是典型的清式装饰风格，在众多明清式样的家具实例中无论是做工还是结体，此器都具有代表性。

清代黄花梨透雕螭龙捧寿纹十扇围屏

[高雄・采风堂・郭道明先生提供]

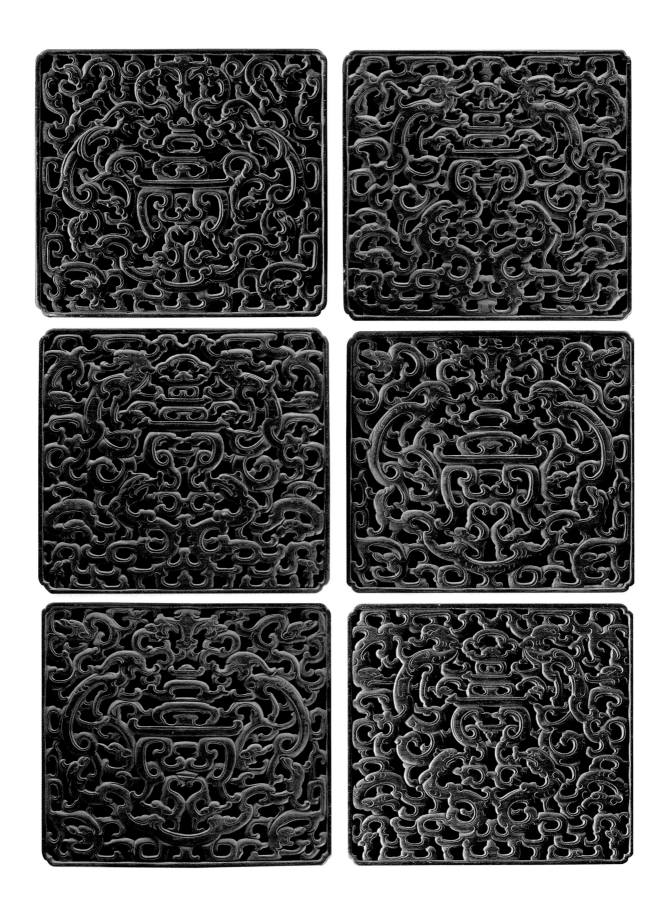

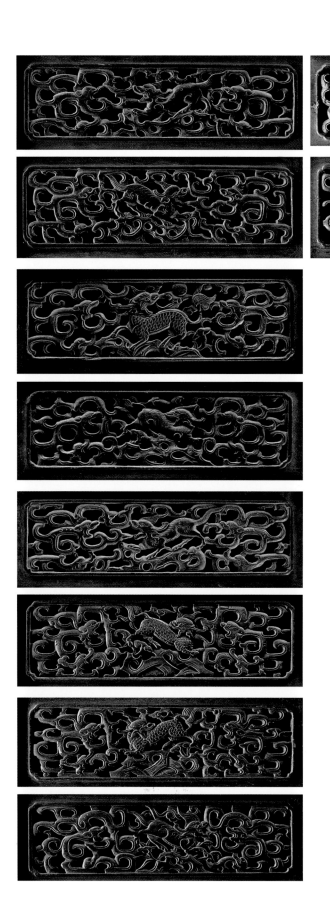

清代柞木透雕鸟兽纹灯箱
[台北·居意·张富荃先生提供]

清雕花桌灯

原器藏于国外博物馆，此器由中山瀚江古典家具公司仿制，虽然不是古代的遗留，但是华丽之态，仍然十分夺目。

清早期冉字形灯架

　　灯柱下端设横木，两端出榫纳入底座内框的槽口，再由座框横梁的圆孔穿出，孔口设木楔，可以挤塞以便定位，也是灯柱以机械作用进行高低调节的度码。此器结体别致，有发古意，不同于一般"冉"字形的结体，在明清灯的款式中，也难得一见。

明式瓜棱柱灯檠

　　全身髹紫漆，灯盘由四条草龙抵贴，极其活泼，灯柱线脚为瓜棱式。立脚以石榴体站牙相抵，内兜小卷云，脚头向外挑出，亭亭玉立。

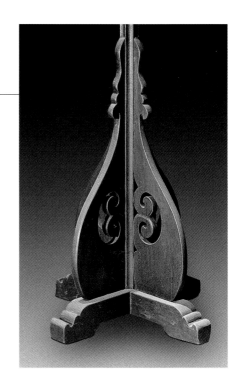

明晚期红漆雕花双屉桌

　　山西文水北峪口元墓壁画中出现了抽屉桌，是桌形结体，但不成熟。本来元代家具的构件基本是以宋金为摹本，但抽屉桌在宋代尚不得见，元代在家具的结体中裁出此种新意，是家具文化在演变过程中一种实用补充。

　　图为明晚期红漆雕花双屉桌，髹红漆，设双抽，抽屉面上雕出卷草花，腿料外圆内方，屉下设双枨，中间装板镂出卷叶草，两侧吊头牙子，各镂出向内倾仄的卷草纹，已经残缺不全。

平头单抽，屉面铲出曲边券口，雕戏龙，红底漆色，并在闷仓面板上雕出麒麟草，带束腰，三弯腿并作挖缺，足头云纹稍显硬朗，造型也别致，很值得品味。

清早期三弯腿带翘头联二橱

　　卷纹翘头，设二抽，抽屉面上铲出海棠形的券口，屉下
结框均分为三段，装虚箱板，构成闷仓。两侧吊头透雕卷草，
疏落随意，牙板曲边起阳线。三弯腿外翻云头足，式样别态，
活泼古怪，尚无二例。

16世纪榆木雕花三屉桌

屉面雕莲花葵瓣，大刀阔斧，角牙铲出卷叶纹，双腿撇
开，饰三弯式卷草足，另加仰俯莲花纹足蹄，前后繁简不一，
风格粗犷而淳古，通体展现出典型的山西家具特点。

抽屉桌在元代出现，形制并不合理，明代则及时采纳了这种抽屉装置，裁出了成熟的形制，是以桌案的特性与柜的特性进行嫁接。通常设闷户的为橱，式样上可分为联二橱、联三橱，闷户结体通常会使用大面积的板料，因此闷户橱多出现在民间家具中，柴木居多，实用为先，往往造型上有失整洁，比起抽屉桌，闷户的使用，也相对晚一些。

明代铁梨木联三翘头大橱

　　长约2.6m，结体壮硕，云牙头，芝麻秆腿，带侧角，抽屉面上贴券口，设闷仓五格，装壶门式大牙板，削出分心花。橱盖可卸载，有暗仓，仓里尽髹朱漆，四只腿柱也为半空，储财？避祸？暗机之巧妙，难为人知！

清早期托泥式雕花六角形围架

　　器身六角成形加托泥，以六柱连成围架，各个看面皆透雕出纷沓的锦纹，图形相错，装饰的意味，属于山西风格。但不知道作何之用，众说纷纭，曰戏笼、曰佛障等等，实际中也找不到佐证。举此一例，以求问解。

明清制造

MingQingZhiZao · ShiQiLei

石器类

清代石鼓墩四件

清代大理石双壶门三弯腿小矮桌

　　以石材仿效家具的形式，在古代也是一种风气，从结体上看，可以做成石凳、石桌、石墩等，式样也比较多，虽然说木石不同性，但是同样做出一个等比例的家具时，也毫无牵强之嫌。就石论之，虽说拙重不易移挪，但是石质的恒久之性，餐风饮露，攒尽清气，也大多是文人的所爱。

明代几形长条凳

清代汉白玉长方形石槽

据说这是清代王府中个别王爷给自己的鹿园所定制的饮器，就是专门用来给鹿饮水的石槽。

明代莲瓣式圆形石缸

缸体用莲花瓣逐层铺排而成，缸底有出水孔，基本可以肯定是用来逗鱼的水缸，造型也极富创意，成对之一。

清代壶瓶式高台石供

明代大理石台座式方形鱼缸

正面雕出的一支孤立的兰花，有招摇之嫌，但是更有某种点缀之美。

明代汉白玉雕龙香池

　　焚香祈拜可用，通体浮雕云龙，云纹圆绵，龙态极富动感，两侧边沿雕出伏身的衔龙，通常龙纹较多用于皇室，此器风格富丽而庄重，理当应用于帝王之家，属于礼佛器具。

明代浮雕缠枝莲汉白玉质明水缸

　　四面雕缠枝莲，纹路因年久风化看上去十分柔润，没有一丝火气，下设基座，并在底边雕出卷曲的云纹。莲寓洁净，通常表现于禅院的器物上，明水缸则可以盛载佛家的清静。

明早期石灰岩壶门式花叶腿矮方桌

清代无束腰壶门式带分心花大理石小矮桌

明早期壶门式披肩三弯腿带托泥长条凳

　　无束腰，壶门波折起伏较大，腿牙上有花叶式的披肩，边沿的看面，凿出对头式的云纹，连同腿足外翻的装饰基本可以追溯元代或更早。

明代石灰岩三弯腿雕花小供桌

清代架几式三弯腿小案

清早期大理石支架式四足长方桌

明清制造

明清家具元素

MingQingZhiZao · MingQingJiaJuYuanSu

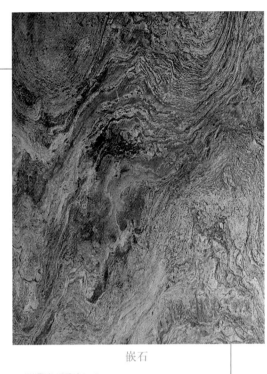

嵌石

刻字

堆漆

剔红

藤作

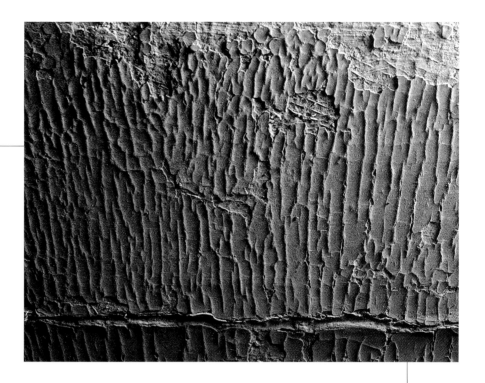

漆裂

螺钿

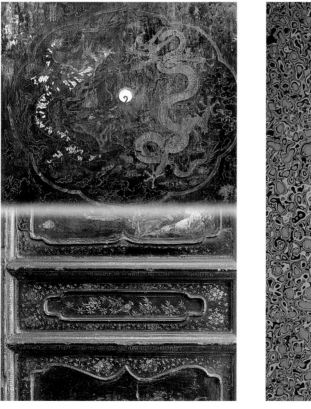

描金

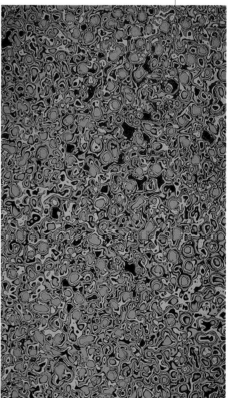

犀皮

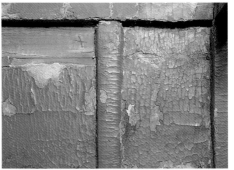

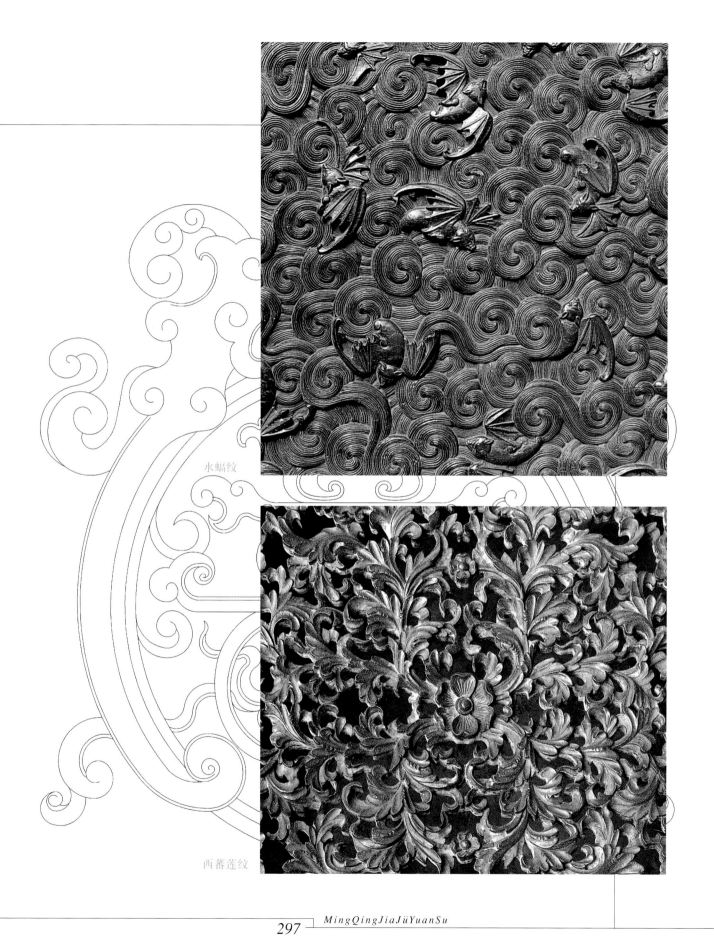

水蝠纹

西蕃莲纹

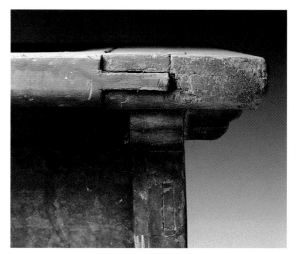

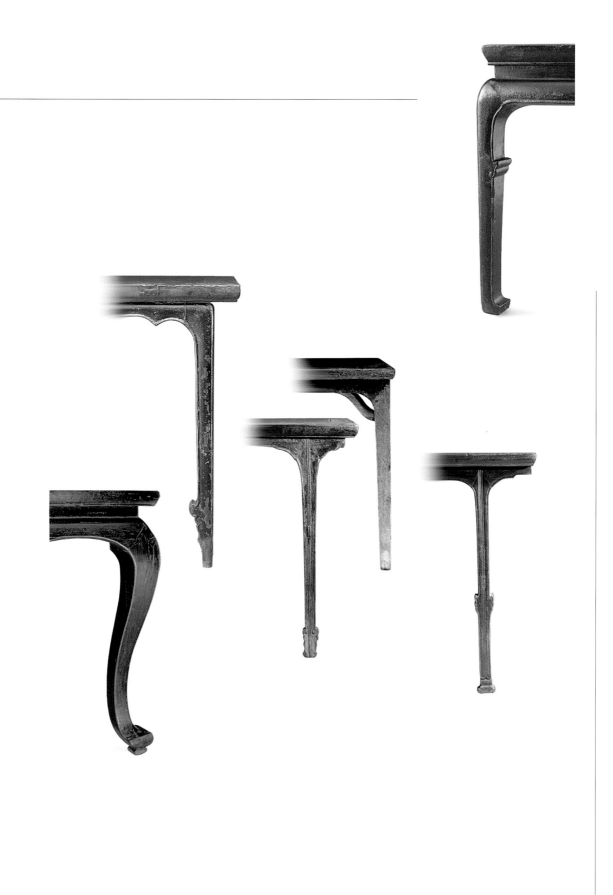

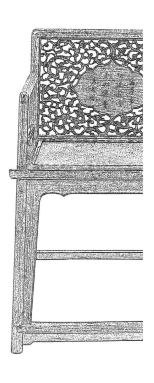

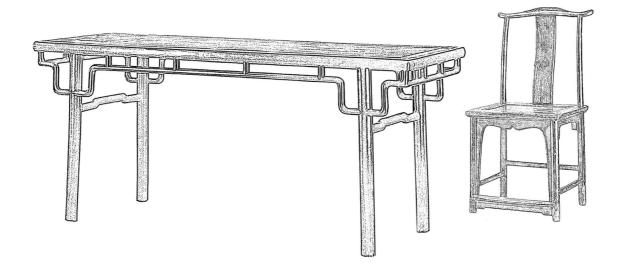

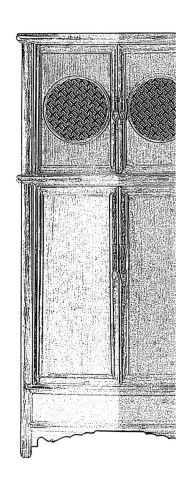

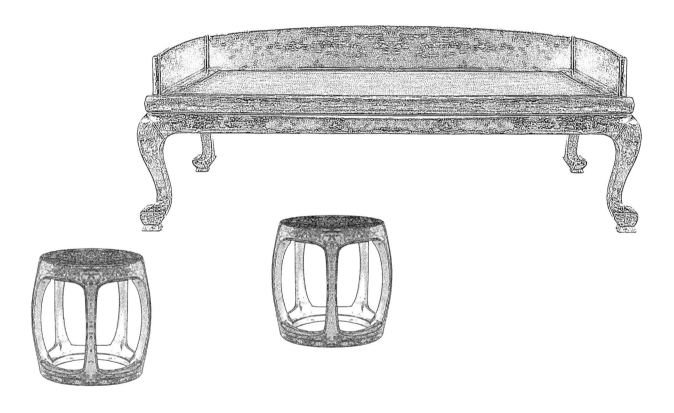

明 清 制 造

附 录

MingQingZhiZao · FuLu

辽金时期·云板足带托泥围栏床

　　四面平起，设围栏，正面有门围，栏杆结体仿若建筑的枓拱与项唇，交角形成十字搭榫（如宋画女孝经图一致，较早与晋代画家顾恺之《洛神赋》卷中的船楼栏杆亦可楔合）。前后板腰挖出曲尺形透格，刀法略显钝锉，左右两侧为透空菱形格子，木板床面，床沿有齿形交圈牙子，云板足带托泥，与辽金的装饰风格吻合。仿木构家具则盛行于宋元时期，因为受当时木构建筑的影响，许多纯粹的建筑构件都可完全挪用到家具结体中，自宋至元，普遍使用，由于当时几乎都以软木为材，又经战火的吞噬，以及风雨的浸腐，能够存世的必然微乎其微，此器当为辽金时期的器物，十分稀有。

元代夹头榫漆作雕花酒桌

　　器材为松木，桌面设"拦水线"，可以阻止酒水的外溢。盘沿另起阳线，再分别以阳线上下髹出红黑漆色，使之相间互衬。牙头透雕灵芝草，罗锅枨为圆材，并于两端开出角口，中间雕出流水云带，线条迂回曼妙，格外律动。整器四腿外撇，带侧角收分，腿柱的脊面上另起一条阳线，俗称："一炷香"。两侧的横枨也呈"梭子"形，并削出棱瓣状。此桌造形优美，结体考究，为元代绝品。虽然说是柴木家具，比起之后的紫檀、黄花梨者就艺术气质论之，愉悦之态，有胜之而无不及。因此不论是在元代或者明清两代，于桌类当中，这一件都可以说是一个奇葩。附图：宋代画家刘松年《唐五学士图》可以参考画图中的高几。

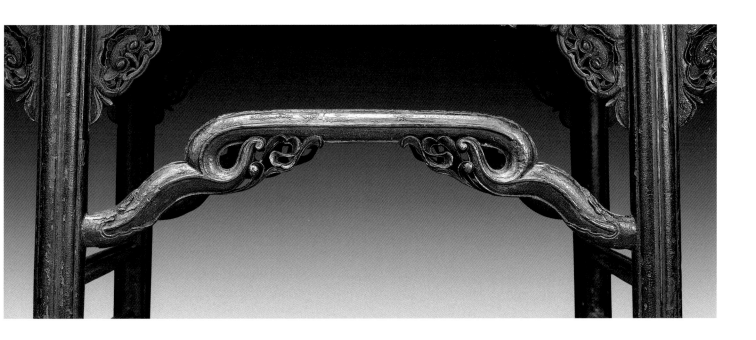